BIM 技术应用规划教材（土木建筑大类专业适用）

BIM 协同与应用实训

主　编：谢嘉波　傅丽芳

副主编：刘可人　刘　毅

参　编：龙会霞　张　勇　刘孝衡
丁亚男　杨　冰　白秀英
朱天龙　张海琳　陈　康
杜海翔　王晓娜　杜　敏

主　审：袁建新

BIM 技术作为21世纪建筑业革命性技术，对建筑业将产生巨大的影响。近几年来，无论是从国家层面还是各个地方，都出台了相关的规定，要求各建筑企业使用 BIM 技术，这为 BIM 技术的发展提供了有力保障。本书根据鲁班 BIM 应用软件进行组织编写，叙述了项目的流程及系统应用的管理部署，介绍了 BIM 实施项目的组织架构，使项目上的人物关系与职能分配更加明确；本书将平时工作和应用结合在一起，分成 BIM 应用之造价员篇、BIM 应用之施工员篇、BIM 应用之安全员篇、BIM 应用之资料员篇、BIM 应用之材料员篇、BIM 应用之质检员篇。

本书目录中标记 * 的章节，其内容以具体工程为案例进行讲解。为方便教学，使用者可扫描右侧二维码（或登录机械工业出版社教育服务网 www. cmpedu. com）获取相关资源下载地址。

本书为 BIM 技术应用规划教材，可作为高职院校土木建筑大类专业的教材，同时也可作为建筑类相关专业从业人员的参考用书。

图书在版编目（CIP）数据

BIM 协同与应用实训 / 谢嘉波，傅丽芳主编. —北京：机械工业出版社，2017. 10

BIM 技术应用规划教材

ISBN 978 - 7 - 111 - 58740 - 8

Ⅰ. ①B… Ⅱ. ①谢…②傅… Ⅲ. ①建筑设计-计算机辅助设计-应用软件-教材 Ⅳ. ①TU201. 4

中国版本图书馆 CIP 数据核字（2017）第 314016 号

机械工业出版社（北京市百万庄大街 22 号 邮政编码 100037）

策划编辑：常金锋 覃密道　　责任编辑：常金锋

责任校对：朱继文　　封面设计：鞠 杨

责任印制：李 昂

北京瑞禾彩色印刷有限公司印刷

2018 年 6 月第 1 版 第 1 次印刷

184mm × 260mm · 10. 75 印张 · 274 千字

标准书号：ISBN 978 - 7 - 111 - 58740 - 8

定价：49. 00 元

凡购本书，如有缺页、倒页、脱页，由本社发行部调换

电话服务

服务咨询热线：010-88379833

读者购书热线：010-88379649

网络服务

机 工 官 网：www. cmpbook. com

机 工 官 博：weibo. com/cmp1952

教育服务网：www. cmpedu. com

金 书 网：www. golden-book. com

前　言

BIM（Building Information Modeling）技术被誉为建筑产业革命性技术，在减少能源消耗、项目精细化管理、施工过程模拟、空间碰撞检测、现场质量安全管理等方面可以发挥巨大作用。住房和城乡建设部在《2011～2015建筑业信息化发展纲要》中明确了在施工阶段开展BIM技术的研究与应用的要求。该纲要的颁布，拉开了BIM技术在施工企业全面推进的序幕。

目前我国的BIM技术应用和发展时间尚短，但从其他企业BIM应用实践来看，做好关键领域基础数据的BIM解决方案是企业信息化建设的关键之路。当前施工阶段的BIM价值主要体现在技术方面和数据方面，一方面通过三维可视化模型以及相关应用可以减轻项目工作强度以及降低沟通成本；另一方面，通过BIM模型获得的项目数据，具有准确性、对应性、及时性、可追溯性的特点，可为项目施工管理、成本管理等工作提供有效的数据支撑。同时，BIM实现了数据的可视化和即景化，将会为企业在每个项目施工中创造巨大的价值。BIM技术作为海量项目数据平台，是当前信息技术中最强大的，BIM技术延伸的应用将是一个相当长的过程，因此需要专业的团队完成BIM模型的创建、维护、应用、协同管理等工作。

为了使BIM技术在实际工程中得到更好的应用，帮助从事BIM技术的工作人员更好地理解和掌握BIM技术，并正确运用鲁班BIM建模软件快速建模、精准建模，我们编写了本书。本书主要讲解BIM施工阶段的内容，全书共分为八篇，分别从施工现场六大员（造价员、施工员、安全员、资料员、材料员、质检员）的工作内容和工作特性上介绍了BIM体系中所要担任的工作。

本书由谢嘉波、傅丽芳任主编，刘可人、刘毅任副主编，龙会霞、张勇、刘孝衡、丁亚男、杨冰、白秀英、朱天龙、张海琳、陈康、杜海翔、王晓娜、杜敏参与了编写。本书由袁建新主审，并且得到了鲁班软件大连合作伙伴杜敏在造价软件内容方面的技术支持，在此表示衷心的感谢！

由于时间仓促，加之编者水平有限，书中难免有不当之处，恳请读者批评指正。

编　者

目　录

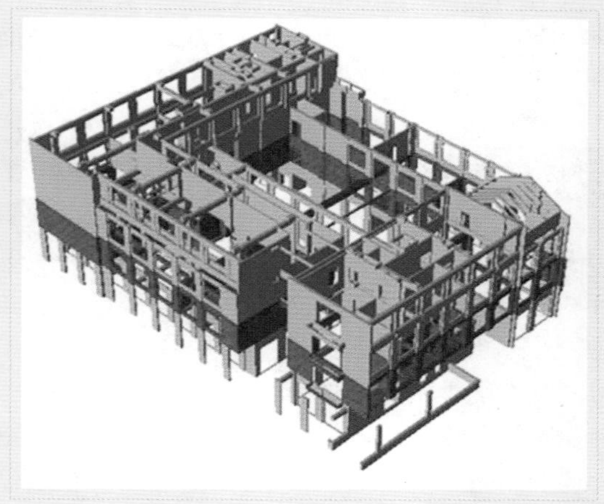

第一篇　概述

01

第1章 了解项目实施流程及内容

1.1 实施方式

项目 BIM 全过程实施服务（Project BIM whole Process consulting Service，简称 PBPS），是鲁班软件特有的 BIM 服务模式。通过 PBPS 可为工程项目全过程管理提供数据支持和技术支撑，提升项目管理各岗位的数据获取能力和协同管理能力。鲁班服务让工程项目管理从依赖人到依靠系统和数据，这种变革可以为项目管理创造更大利益。

鲁班 BIM 服务（PBPS）以“小前端、大后台”的方式为委托方提供服务。鲁班工程顾问团队针对委托方的项目建立项目组，根据委托方的设计图纸信息创建 BIM 模型并实现相应 BIM 应用价值。所谓“小前端”是指鲁班软件派驻在项目现场的工程顾问，长期驻场在项目上，承担培训、模型维护、应用指导等工作，及时解决现场问题，或及时将一线的问题、需求反馈至总部后台。所谓“大后台”是指鲁班软件公司总部的技术和研发后台，技术后台主要负责前期的大量建模及审核工作，并上传至云平台，为项目 BIM 应用提供基础；研发后台负责支持项目的一些功能、性能上的开发需求。

企业实施和推广 BIM 技术，第一阶段，由于缺乏应用经验以及 BIM 团队人才储备不足，应选择合适的项目，引入鲁班 BIM 服务，在实施过程中由鲁班 BIM 工程顾问帮助企业培训 BIM 团队；第二阶段，以企业自己团队人员实施为主，鲁班 BIM 团队服务为辅。

鲁班 BIM 团队成功实施了 100 多个 BIM 服务项目，总结出了一套行之有效的 BIM 技术实施体系，在服务过程中可通过鲁班 BIM 顾问的现场服务以培训、辅导等形式传递给委托方。

1.2 实施流程

鲁班 BIM 实施服务定位在建造阶段，利用设计阶段的图纸或者模型信息创建模型，将模型上传到鲁班 BIM 系统中，通过各个客户端浏览模型、调用数据，为各工作岗位的人员提供数据和技术支持，实现 BIM 应用价值的落地。鲁班 PBPS 服务流程如图 1－1 所示。

图 1－1　鲁班 PBPS 服务流程

1.3 实施内容

鲁班 BIM 实施服务从设计到施工建造的各个阶段有上百个应用点，委托方根据需求选择需要实现的应用点即可。鲁班建造阶段 BIM 顾问服务主要工作包括：

1）BIM 技术项目实施方案策划。

2）BIM 标准建设及应用培训。

3）创建 BIM 模型。

4）工程量计算。

5）图纸设计问题梳理。

6）碰撞检查及建筑物内部漫游。

7）BIM 模型上传及维护。

8）基于 BIM 的深化设计、管线综合。

9）虚拟施工指导。

10）资源计划、多算对比。

11）基于 BIM 的质量、安全协同管理。

12）建立基于 BIM 的工程档案资料库。

第2章 项目流程及系统管理

2.1 PBPS项目流程

PBPS 项目流程如图 2－1 所示。

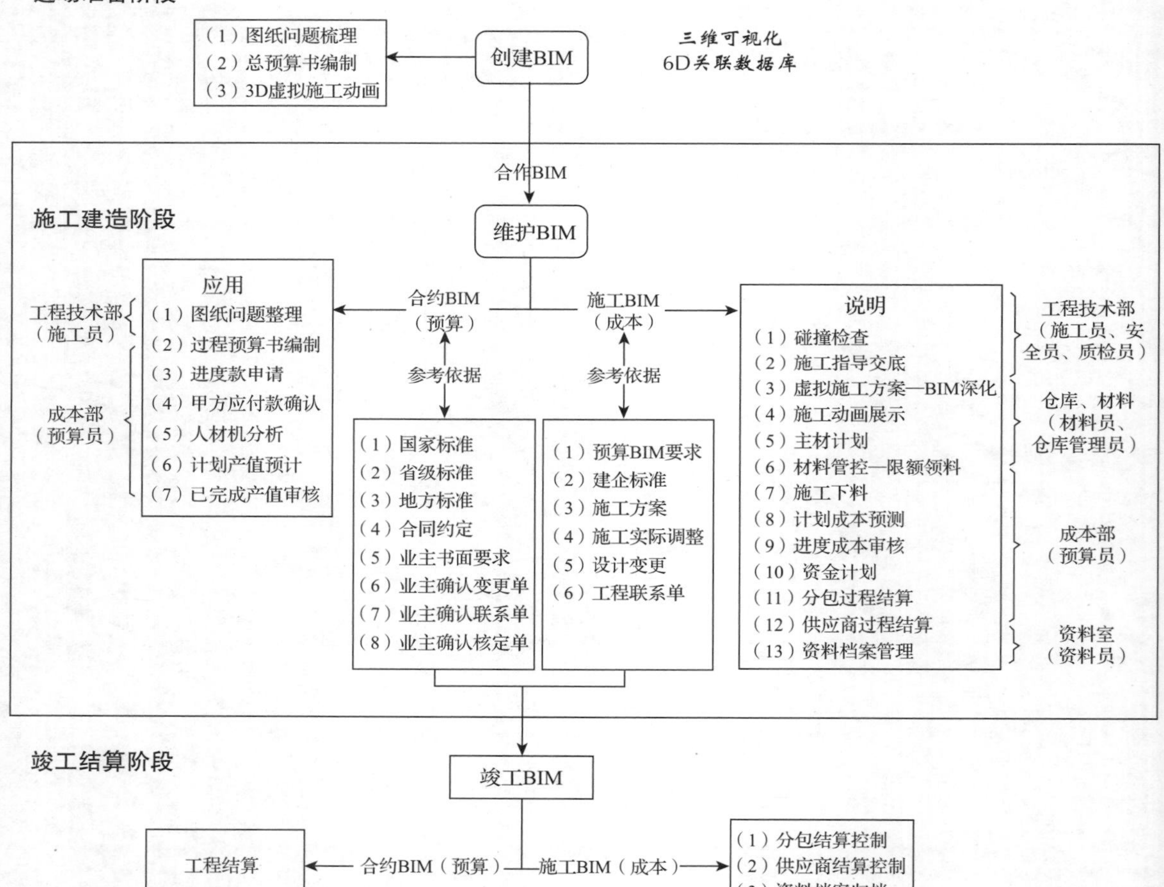

图 2－1　PBPS 项目流程图

2.1.1　第Ⅰ阶段：建模与工程量计算

阶段目标

此阶段需要进行的工作有：建立与中标合同、计算规则相符合的预算模型，获得对应专业的准确工作量数据。另外，随着设计图纸后续发生变化进行模型修改。该阶段工作从收到设计

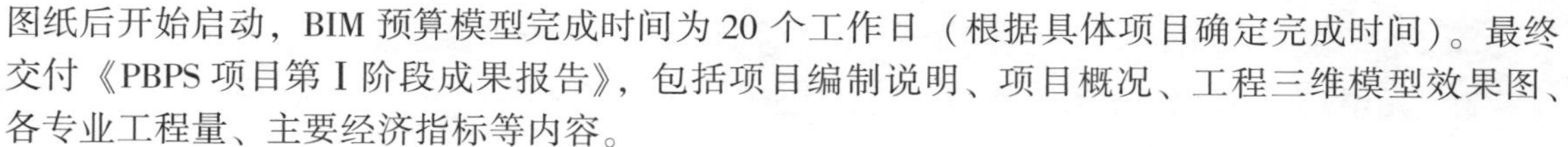

图纸后开始启动，BIM 预算模型完成时间为 20 个工作日（根据具体项目确定完成时间）。最终交付《PBPS 项目第Ⅰ阶段成果报告》，包括项目编制说明、项目概况、工程三维模型效果图、各专业工程量、主要经济指标等内容。

BIM 建模（预算模型与施工模型）

BIM 模型建立分预算版和施工版，预算模型主要是根据国家清单计算规则或当地定额计算规则进行模型建立并计算工程量，主要用于项目预决算和施工进度款申请；施工模型则主要是根据施工技术规范、方案等建立 BIM 模型，主要用于实际施工现场管理。施工 BIM 模型建立的标准和计算规则设置与预算 BIM 模型差别较大。例如施工 BIM 模型需要分施工段、按实扣减计算等，而钢筋与安装施工模型不能直接用于下料。

2.1.2　第Ⅱ阶段：数据系统（Luban PDS）部署

阶段目标

系统部署主要分两部分：服务器端部署和客户端部署。服务器端部署主要工作由委托方完成，实施方在 PBPS 数据中心建立委托方项目服务器端，委托方提供使用人的账号和权限，实施方根据委托方要求进行分配，上传 BIM 模型并进行调试；客户端部署主要是鲁班管理驾驶舱 MC（Luban Management Cockpit）、建筑信息模型浏览器 BE（Luban BIM Explorer）和部分 BIM 建模端软件。项目预算人员和总部成本控制负责人使用 MC，项目其他人员使用 BE，实施方负责给使用人员进行培训和指导，根据 BPR（Business Process Re-engineering，业务流程重组）调研情况，把客户端应用加入到日常工作中，根据使用情况，在例会上提出问题并改进，最终交付《PDS 系统应用日志》，包括系统成功部署并调试完成的验收单和相关人员培训情况反馈单。

BIM 模型维护

BIM 模型维护实施时间从驻场开始到项目服务期止，委托方应提供项目设计变更单等给实施方，驻场服务期结束后，组建 BIM 团队负责后期模型维护；实施方根据委托方提供的资料调整 BIM 模型，及时更新系统内 BIM 模型，并完成后期的系统维护工作。

2.1.3　第Ⅲ阶段：碰撞检查

阶段目标

BIM 预算模型建立完毕之后，发现设计图纸中机电各专业间的碰撞，以及机电设备、管道与结构间的碰撞，注明碰撞所在位置、涉及图纸以及碰撞详细情况，对可能发现碰撞点提前预警。该阶段工作以实施方为主，BIM 模型确认后即可进行碰撞检查。实施方通过后台数据中心进行碰撞检测，最后提交相关碰撞结果，最终交付《PBPS 项目第Ⅱ阶段成果报告》，包括每一个碰撞点的管线名称、位置、所在图纸信息、三维截图等情况。

Q&A　常见问题与解决方案

Q：没有发现碰撞点，是否意味着这部分工作没有意义？

A：否。碰撞检查的相关工作已经完成，没有检测到碰撞点意味着图纸设计比较完善，或者是由于进行碰撞检测工作时提供的图纸并不完善等多种情况造成。

Q：安装发现碰撞点很多，但是设计院不认为是图纸错误，原因是什么？

A：由于安装碰撞检查是基于设计院施工图建立的模型并进行碰撞检查的，实际施工中安装专业需做深化设计，因此有些碰撞点是可以通过设计避免的。

Q：所发现碰撞点是否都会影响施工？是否都需要进行设计变更调整？

A：不一定。应根据具体的碰撞点来分析，有些是结构方面的碰撞，需要进行设计调整；有些碰撞，由于施工过程中可能要求精度不高，施工中走向稍微调整一定距离就可以避免，这些就需要进行调整。不

2.1.4 第Ⅳ阶段：现场服务

根据项目所在地，确定服务周期和驻场时长；对于大型工程项目，前期将安排驻场项目经理；各阶段实施方根据进展情况安排专业人员进行现场服务。双方工作项目：委托方安排现场办公场地（需配置网络）；实施方定期组织现场人员开展例会，负责现场人员培训和指导，及时发现和处理实施过程中出现的问题，协调双方实施团队，确保实施顺利推进，配合委托方完成钢结构实施过程，将数据导入 BIM 系统，每个阶段制定相应的培训计划，对施工方及业主方的相关人员提供技术支持，引导项目团队重视 BIM 技术的掌握和应用，每月出具工程 PBPS 项目月度进展报告，包含当月的实际实施内容和下月的预计实施内容。

2.2 系统管理（鲁班 BIM 应用客户端系列）

鲁班基础数据分析系统（Luban PDS）是一个以 BIM 技术为依托的工程成本数据平台。它创新性地将前沿的 BIM 技术应用到了建筑行业的成本管理当中。只要将包含成本信息的 BIM 模型上传到系统服务器，系统就会自动对文件进行解析，同时将海量的成本数据进行分类和整理，形成一个多维度的、多层次的，包含三维图形的成本数据库。通过互联网技术，系统将不同的数据发送给不同的人。例如，总经理可以看到项目资金使用情况，项目经理可以看到造价指标信息，材料员可以查询下月材料使用量，不同的人各取所需、共同受益，从而对建筑企业的成本精细化管控和信息化建设产生重大作用。

mc 鲁班管理驾驶舱 | Luban MC

鲁班管理驾驶舱（Luban Management Cockpit）是 Luban PDS 系统的客户端之一，用于集团公司多项目的集中管理、查看、统计和分析，以及单个项目不同阶段的多算对比，主要由集团总部管理人员应用。将工程信息模型汇总到企业总部，形成一个汇总的企业级项目基础数据库，企业不同岗位人员都可以进行数据的查询和分析。该数据库为总部管理和决策提供依据，为项目部的成本管理提供依据。

BIM 鲁班 BIM 浏览器 | Luban BE

建筑信息模型浏览器（Luban BIM Explorer）是系统的前端应用。通过 BE，工程项目管理人员可以随时随地快速查询管理基础数据，操作简单方便，可实现按时间、区域多维度检索与统计数据。在项目全过程管理中，BE 使材料采购流程、资金审批流程、限额领料流程、分包管理、成本核算、资源调配计划等都能及时准确地获得基础数据的支撑。

iBan 移动应用 | iBan

iBan 是手机或 Pad 的 APP 应用客户端。iBan 移动应用可以把项目现场发现的质量、安全、文明施工等问题进行统一管理，并与 BIM 模型进行关联，方便核对和管理。通过 iBan 移动应用，可在施工现场使用手机拍摄施工节点，将有疑问的节点照片上传到 PDS 系统，与 BIM 模型相关位置进行对应，在安全、质量会议上解决问题非常方便，可大大提高工作效率。iBan 移动应用具备以下特点。

1）缺陷问题的可视化：现场缺陷通过拍照进行记录，可做到一目了然。

2）将缺陷直接定位于 BIM 模型上：BIM 模型定位模式让管理者对缺陷的位置可准确掌控。

3）方便的信息共享：让管理者在办公室即可随时掌握现场的质量缺陷、安全风险因素等。

4）有效的协同共享，提高各方的沟通效率：各方根据权限，可查看属于自己负责的问题。

5）支持多种手持设备的使用：充分发挥手持设备的便捷性，让客户随时随地记录问题，支持 IPhone、IPad、Android 等智能设备。

6）简单易用，便于快速实施：实施周期短，便于维护；手持设备端更是易学易用。

iBan 基于“云 + 端”的管理系统，运行速度快，可查询各种工程相关数据。

鲁班进度计划 | Luban SP

鲁班进度计划（Luban Schedule Plan）是一款基于 BIM 技术的项目进度管理软件，通过 BIM 技术将工程项目进度管理与 BIM 模型相互结合，革新现有的工程进度管理模式。鲁班进度计划致力于帮助项目管理人员快速、精确、有效地对项目的施工进度进行精细化管理，同时依托 Luban PDS 系统直接从服务器项目数据库中获取 BIM 数据信息，打破传统的单机软件独立运行的束缚。鲁班进度计划可集中管理 PDS 系统内的所有进度计划，可查看各个进度的状态和修改信息，做到进度调整有据可查。依托 PDS 系统平台，所有相关的 BIM 模型发生变化都将通知客户端，让施工管理人员第一时间知晓模型变更调整进度计划。使用互联网云技术，对进度和模型的管理可实时生效。

鲁班 BIM View | Luban BV

利用 Pad 可在施工现场查看详细的 BIM 三维模型，鲁班 BIM View 是鲁班首款支持移动端查看 BIM 模型的 APP 产品。随着移动互联网的发展，使用移动硬件作为信息查看和处理的媒介逐渐成为常态，如何将移动互联网与 BIM 技术结合成为行业内的一个需求爆点。鲁班 BIM View 将 BIM 技术和移动互联网技术相结合，致力于帮助项目现场管理人员更轻便、更有效、更直观地查询 BIM 信息并进行协同合作。同时依托 Luban PDS 系统直接从服务器项目数据库中获取 BIM 数据信息，打破了传统的 PC 客户端携带性的束缚。

鲁班多专业集成应用平台 | Luban BW

鲁班多专业集成应用平台（Luban BIM Works）可以把建筑、结构、安装等专业 BIM 模型进行集成应用。对多专业 BIM 模型进行空间碰撞检查，对因图纸设计造成的问题进行提前预警，第一时间发现并解决设计问题。有些管道由于技术参数原因禁止弯折，必须通过施工前的碰撞预警才能有效避免这类情况发生。实现可视化施工交底可以降低相关方的沟通成本，减少沟通错误，争取工期。通过 BIM Works 可以实现工程内部 3D 虚拟漫游检查设计合理性；可任意设定行走路线，也可用键盘进行行进操作；实现设备动态碰撞对结构内部设备、管线的查看更加方便直观。

更多功能介绍，此处不再赘述，在后续应用点中详细介绍。

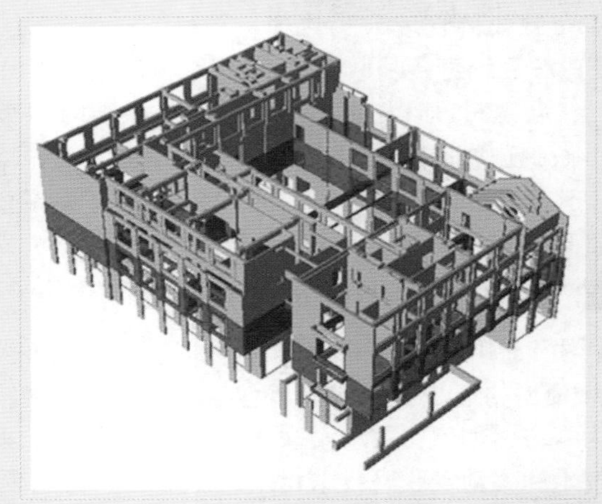

第二篇　BIM 协同

02

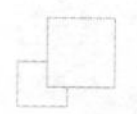

第 3 章 编制组织架构并分配任务

项目组织架构使项目上的人物关系与职能分配更加明确，是保证项目能够顺利开展的决定性因素。按照工作内容和管理职能编制项目组织架构的过程，是梳理项目各个阶段工作重心的过程，是明确各阶段工作内容的过程，是确定责任人的过程。应用鲁班 BIM 技术的工程项目，组织架构应从委托方和实施方两方面分别编制，以利于工作对接。

3.1 委托方团队组织架构

团队角色	适合人选	姓名	工作内容
项目总监	集团公司 高层领导		监督、检查项目执行进展
项目经理	分公司负责人 本项目高层领导		负责项目的管理、协调、统筹、审批、资源调配；负责项目部内部的培训组织、考核、评审
土建专业负责人（技术、经济需各 1 名）	土建技术负责人 土建预算员		负责土建预算 BIM 模型、施工 BIM 模型的建立、维护、共享，管理相关的施工图纸（含电子版图纸）、图纸设计变更、签证单、技术核定单、工程联系单、施工方案、建模需求、土建工程资料等全部资料内容；负责审核、确认鲁班两套 BIM 模型及数据，配合 BIM 技术总负责人确定项目进度和相关技术要求；负责土建专业各相关工作的协调、配合
钢筋专业负责人（技术、经济需各 1 名）	钢筋技术负责人 钢筋翻样员		负责钢筋 BIM 模型的建立、维护、共享，管理相关的施工图纸（含电子版图纸）、图纸设计变更、签证单、技术核定单、工程联系单、施工方案、建模需求等全部资料；负责审核、确认鲁班 BIM 模型及数据，配合项目经理确定项目进度和相关技术要求；负责钢筋专业各相关工作的协调、配合
安装专业负责人（技术、经济需各 1 名）	安装技术负责人(分包) 安装预算员(分包)		负责安装 BIM 模型的建立、维护、共享，管理相关的施工图纸（含电子版图纸）、图纸设计变更、签证单、技术核定单、工程联系单、施工方案、建模需求、安装工程资料等全部资料；负责审核、确认鲁班 BIM 模型及数据，配合 BIM 技术总负责人确定项目进度和相关技术要求；负责安装专业各相关工作的协调、配合

3.2 实施方团队（鲁班工程顾问）组织架构

团队角色	适合人选	姓名	工作内容
项目总监	鲁班工程顾问总监		负责项目监督和组织落实，以及实施方案的审核；负责辅助项目总监对项目的监督和组织落实，以及实施方案的审核；负责相关调研工作总牵头
项目经理	鲁班工程顾问 土建部经理		负责项目的执行、具体操作的统筹、实施方案的制定、实施进度的把控、项目调研和BPR的实施；负责实施方内部工作的协调和安排；负责项目实施质量的控制；负责各专业BIM模型的质量控制
土建专业负责人	土建技术工程师		负责土建BIM模型的建立，专业技术的协调管理，涉及PBPS土建部分服务内容的实施和沟通
钢筋专业负责人	钢筋技术工程师		负责钢筋BIM模型的建立，专业技术的协调管理，涉及PBPS钢筋部分服务内容的实施和沟通
安装专业负责人	安装技术工程师		负责安装BIM模型的建立，专业技术的协调管理，涉及PBPS安装部分服务内容的实施和沟通

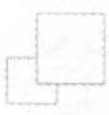

第 4 章 建模端各专业建模标准

4.1 鲁班建模准则和标准

为了使 BIM 技术在实际工程中能够更好地应用，让从事 BIM 技术的工作人员更好地理解和掌握 BIM 技术，正确运用鲁班 BIM 建模软件，特别编制了《鲁班建模准则和标准》，通过此标准可以让建模者快速精准地建模，且达到数据协同共享的基础。鲁班建模准则和标准见表 4－1。

表 4－1 鲁班建模准则和标准

鲁班 BIM 建模标准（土建）						
序号	构件类别	构件类型	构件	构件命名标准	构件布置标准	软件设置
1	一次结构	柱	混凝土柱	依据图纸 例如：KZ1	①按图纸准确定位 ②梁柱墙相对位置正确	计算规则设置混凝土柱扣除现浇板
2			构造柱	依据图纸 例如：GZ200×200		默认
3		墙	混凝土墙	①依厚度 例如：TWQ300 ②弧形 例如：TWQ300(弧)	①按图纸准确定位 ②柱梁相对位置正确 ③贯穿混凝土柱 ④墙墙中线闭合	板需完全覆盖墙（按墙梁成板）
4			砖墙	①依材质 ②依厚度 ③依性质 例如：ZWQ240（多孔）	①按图纸准确定位 ②柱梁相对位置正确 ③贯穿混凝土柱 ④墙墙中线闭合	默认
5		梁	主、次梁	①依据图纸 ②按性质 例如：阳台梁 200×400 ③按形状 例如：KL1(弧)	①按图纸准确定位 ②柱梁相对位置正确 ③贯穿混凝土柱 ④梁梁中线闭合	①计算规则同软件默认设置 ②模型中板到梁边
6		板	板	①依板厚 例如：LB100 ②依混凝土强度等级 例如：LB100 C40 ③依性质 例如：PB100（平板） ④依形状 例如：XB100（弧）	①按图纸准确定位 ②板的边线到梁和墙的外边	①板布置到墙梁边 ②悬跳板注意加板侧模

（续）

鲁班 BIM 建模标准（土建）						
序号	构件类别	构件类型	构件	构件命名标准	构件布置标准	软件设置
7	二次结构	梁	圈梁	例如：QL1	①直接随墙布置 ②自动布圈梁默认	默认
8			过梁	例如：GL200	①直接随门窗 ②自动布过梁默认 ③过梁端部搁置 ④过梁不能相交	①注意单边搁置 ②注意过梁重叠
9		门窗	门窗	依据图纸	依据图纸严格定位	飘窗带侧板，侧板粉刷套相应定额子目
10	基础	独立基础	柱状独立基础、独立基础	严格按图纸名称定义	严格按照图纸	①调整相应计算规则 ②砖胎膜按内边线计算，非中线
11		满堂基础	满堂基础	例如：MJ400		①调整相应计算规则 ②满堂基础土方放坡要调整计算规则 ③满基相交，规定相交边不放坡不加工作面
12		基础梁	基础梁	严格按图纸名称定义		设置基础梁和实体集水井的扣减关系
13		实体集水井	实体集水井	例如：J1	①底标高 ②外偏距离 ③坡度角	设置基础梁和实体集水井的扣减关系

鲁班 BIM 建模标准（钢筋）						
序号	构件类别	构件类型	构件	构件命名标准	构件属性定义规范	构件布置规范
1	一次结构	柱	框架柱、暗柱	图纸：KZ1、AZ1 命名：KZ1、AZ1	四角筋和中部钢筋区分，异型柱用自定义断面处理	按照图纸要求进行定位、设定标高
2		混凝土墙	剪力墙	图纸：Q1 命名：Q1	按图纸说明进行配筋	绘制剪力墙要按照图纸绘制，定位要准确，注意倒角闭合、标高
3		梁	连梁	图纸：KL1（3） 命名：KL1（3）		
4			框架主、次梁	图纸：KL1（3）、L1（3） 命名：KL1（3）、L1（3）		

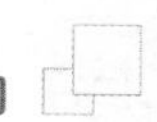

（续）

鲁班 BIM 建模标准（钢筋）						
序号	构件类别	构件类型	构件	构件命名标准	构件属性定义规范	构件布置规范
5	一次结构	板	现浇板	图纸：板厚 200 命名：200	按图纸说明进行定义厚度	按图纸要求进行定位、设定标高
6			底筋、负筋、支座钢筋	图纸：ф12@100 命名：ф12@100	按图纸说明进行配筋	严格按照图纸说明进行布置，单板、多板布置必须区分
7		基础	独立基础	图纸：CT1 命名：CT1		按图纸要求进行定位、设定标高
8			基础主、次梁	图纸：JCL1、JL1 命名：JCL1、JL1		同框架梁、次梁
9			筏板基础	图纸：板厚 400 命名：400		按图纸要求进行定位、设定标高
10			筏板底、中、面筋，支座钢筋	图纸：ф12@100 命名：ф12@100		按图纸说明准确定位
11		节点	集水井	图纸：JSJ 命名：JSJ		按图纸要求进行定位、设定标高
12	二次结构	柱	节点	图纸：挑檐 1 结施 2—3 命名：结施 2—3		按图纸实际的位置进行处理
13			构造柱	图纸：GZ1 命名：GZ1		按图纸要求进行定位、设定标高
14		墙	砖墙	图纸：宽度 200 命名：ZQ200	按图纸说明进行截面设定	同剪力墙
15			拉结筋	图纸：配筋为 ф6@500 命名：ф6@500	按图纸说明进行配筋	按照图纸说明准确定位
16			墙洞	图纸：未命名，宽 × 高为 500 × 800 命名：500 × 800		根据图纸实际要求精确布置，标高按照图纸说明设定
17		梁	过梁	图纸：GL1 命名：GL1		标高按图纸说明设定
18			圈梁	图纸：QL1 命名：QL1		同框架梁、次梁
19		楼梯	楼梯	图纸：AT1 命名：AT1		按图纸说明准确定位

（续）

<table>
<tr><th colspan="7">鲁班 BIM 建模标准（安装）</th></tr>
<tr><th>序号</th><th>点线分类</th><th>构件类型</th><th>构件</th><th>构件命名标准</th><th>构件属性定义规范</th><th>构件布置规范</th></tr>
<tr><td>1</td><td rowspan="8">点状构件</td><td>照明器具</td><td>灯具、开关、插座</td><td rowspan="5">严格按照图纸名称定义</td><td>按图例表进行名称定义</td><td rowspan="2">按照图纸位置进行提取，确定名称、高度等信息，进行转化</td></tr>
<tr><td>2</td><td>配电箱柜</td><td>配电柜</td><td>按图纸进行名称定义，例如：配电箱尺寸 1000×2000×600</td></tr>
<tr><td>3</td><td rowspan="2">电附件</td><td>套管</td><td rowspan="2">按图纸进行名称定义</td><td>按照图纸位置，运用附件—套管命令完成</td></tr>
<tr><td>4</td><td>接线盒</td><td>接线盒按照生成规则批量生成</td></tr>
<tr><td>5</td><td>卫生洁具</td><td>洗脸盆</td><td>按图例表进行名称定义</td><td>同照明器具</td></tr>
<tr><td>6</td><td>水附件</td><td>地漏检查口、雨水斗、闸阀</td><td>软件报表可自动区分地漏规格</td><td>按图例表进行名称定义</td><td>按照图纸对构件位置进行精确定位（需先有管道的前提）</td></tr>
<tr><td>7</td><td>喷头</td><td>水喷头</td><td rowspan="2">严格按照图纸名称定义</td><td>按图例表进行名称定义</td><td>同照明器具（先转喷头才能转管道）</td></tr>
<tr><td>8</td><td>风口</td><td>送风口（回、排风口）</td><td>按照图纸设置风口尺寸</td><td>同照明器具</td></tr>
<tr><td>9</td><td rowspan="5">线状构件</td><td rowspan="2">管线（水平、垂直）</td><td>照明管线（水平）、动力管线</td><td rowspan="2">严格按照图纸名称定义（注：软件按照管线属性出量，自动区分统计导线和导管工程量）</td><td rowspan="2">按系统图定义所需管线（注：进行三步走，即首先在管线—照明导线下配线，其次在管线—导管下进行配管，最后在管线—导线、导管下进行管线组合）</td><td>根据图纸线路划分利用选择布管线命令操作</td></tr>
<tr><td>10</td><td>照明管线（垂直）</td><td>确定管线位置，注意标高方式再布置</td></tr>
<tr><td>11</td><td>电缆桥架</td><td>桥架</td><td rowspan="3">严格按照图纸名称定义</td><td>按照图纸要求定义桥架尺寸</td><td>根据图纸位置，用水平桥架布置命令</td></tr>
<tr><td>12</td><td rowspan="2">防雷接地</td><td>接地母线</td><td>按照图纸要求定义接地母线</td><td>利用线变接地母线命令批量操作</td></tr>
<tr><td>13</td><td>引下线</td><td>按照图纸要求定义引下线</td><td>根据图纸，用引下线命令，确定标高</td></tr>
</table>

（续）

鲁班 BIM 建模标准（安装）						
序号	点线分类	构件类型	构件	构件命名标准	构件属性定义规范	构件布置规范
14	线状构件	管道	给排水管	严格按照图纸名称定义	按照图纸说明要求确定管道材质以及对照系统图确定管道规格	运用任意布管道命令，确定好标高
15			喷淋管道		根据图纸标注软件自动识别喷淋管标注	利用转化喷淋管命令批量转化，自动生成短立管
16		风管	排风管（送风管、回风管）		按照图纸说明要求确定管道材质以及对照图纸标注确定管道尺寸	利用转化风管命令批量转化，注意标高

4.2 各专业模型共享、协同方法

鲁班 BIM 建模端可通过 LBIM 文件实现互导。LBIM 是鲁班全系列软件通用建筑信息模型的文件格式，实现了软件之间建筑模型的数据共享，可显著提高建模效率。

鲁班 BIM 建模端成果文件可通过“PDS”及“输出碰撞”导入鲁班 BIM 系统。在算量软件内选择导出 PDS 文件后可导入鲁班 MC、SP、BE 平台；土建及安装 BIM 建模端的文件可选择“输出碰撞”后导入鲁班 BW 中。

鲁班成果文件同时还能够和所有支持 IFC 文件格式的软件实现互导，充分达到数据共享的目的，避免多次建模，降低工程成本、加快工程进度，对工程项目管理具有重大意义。

土建同钢筋建模配合点

模型栋数、划分范围必须保持一致；工程设置需统一，尤其是混凝土等级、楼层设置、工程标高等；相应楼号土建和钢筋负责人要统一图纸问题记录要求，做到发现图纸问题及时沟通；做好互导工作协调要求，确保提高效率。

土建主体部分模型可从钢筋直接导入，其余二次构件等需土建自行建模；钢筋主要为导入土建模型中砖砌体、门窗洞口、构造柱、圈梁、过梁等二次构件；土建建模过程中需对配筋不同的二次构件进行命名区分，具体要求钢筋人员需进行交底；导入后需再次检查正确性，达到相互审核的目的。

土建同安装建模配合点

若需做碰撞及管线综合，应确保模型栋数、划分范围、相应楼层层数、轴网及基点定位统一。土建采用结构标高，安装采用建筑标高，安装可以利用 LBIM 文件导入土建完整的工程模型；相应楼号土建负责人需配合并且协助安装负责人根据土建构件（主要为梁板出现多处标高不同的情况）确定管线标高取值。

第5章 图纸问题记录的方式方法

5.1 记录图纸问题的作用

记录图纸问题的主要作用是为图纸会审提供依据，让施工单位和建设单位的有关人员进一步了解设计意图和设计要点，这也是鲁班PBPS服务过程中的一项重要任务。图纸会审是解决图纸设计问题的重要手段，对减少工程变更，降低工程造价，加快工程进度，提高工程质量都起着重要的作用。图纸会审可尽量提前排除设计图存在的问题，减少图纸问题在施工过程中才被发现的情况，使图纸设计在实际施工之前就100%符合有关规范的要求。

通过鲁班BIM建模软件，提前建立建筑工程三维BIM模型，通过立体模型和多专业之间的碰撞检查，可以快速、准确地查找到设计不准确的地方。通过图纸会审澄清图纸疑点，消除设计缺陷，统一思想，使设计达到经济、合理的目的。

5.2 查找图纸问题的方法和常见类型

图纸会审工作首先应熟悉施工图，如建筑平面图、建筑立面图、建筑剖面图、建筑详图、结构施工图、设备图等。

查找图纸问题的方法及要领如下。

“先粗后细”：先看平、立、剖面图，对整个工程的概貌有一个大致的了解，对总的长宽尺寸、轴线尺寸、标高、层高有一个大体的印象。然后再看细部做法，核对总尺寸与细部尺寸。

“先小后大”：先看原图再看大样图，核对平面图、立面图、剖面图中标注的细部做法与大样图的做法是否相符；所采用的标准构配件图集编号、类型、型号与设计图纸是否矛盾；索引符号是否存在漏标；大样图是否齐全等。

“先建筑后结构”：先看建筑图，后看结构图；把建筑图与结构图相互对照，核对其轴线尺寸、标高是否相符，核对有无遗漏尺寸、有无构造不合理之处。

“先一般后特殊”：先看一般的部位和要求，后看特殊的部位和要求。特殊部位要求一般包括地基处理方法，变形缝的设置，防水处理要求和抗震、防火、保温、隔热、隔声、防尘、特殊装修等技术要求。

“图纸与说明相结合”：看图纸信息时，对照设计总说明和图中的细部说明，核对图纸和说明有无矛盾、规定是否明确、要求是否可行、做法是否合理等。

“土建与安装相结合”：看土建图时，应针对性地看一些安装图，并核对与土建有关的安装图有无矛盾之处，预埋件、预留洞、槽的位置、尺寸是否一致，了解安装对土建的要求，以便考虑在施工中的协作问题。

“图纸要求与实际情况相结合”：核对图纸有无不切合实际之处，如建筑物相对位置、场地标高、地质情况等是否与设计图纸相符；对一些特殊的施工工艺，要考虑施工单位是否可以做到等。

常见的图纸问题种类有：

- 建筑、结构说明是否互相矛盾或者意图不清楚。

- 建筑、结构图中轴线位置是否一致，相对尺寸是否标注清楚。
- 建筑、结构图梁柱尺寸是否一致，墙厚、构造柱的布置是否一致。
- 建筑装饰装修表是否包含所有房间。
- 门窗的做法是否明确，有图集的按照图集施工，没有图集做法的是否有大样图。
- 一般设计容易疏忽的是窗台做法、门窗材质、门垛尺寸。
- 看结构说明中是否有与规范相矛盾或有不一致之处，如有，协商按哪个标准施工。
- 如果掌握比较全面，要检查室内管线是否有碰撞。
- 楼梯踏步高和数量是否与标高相符。
- 建筑立面图中的结构标高是否与结构图每层的标高相符。
- 檐口处标高容易出错，应适当注意。
- 建筑平面图中的门窗洞口尺寸、数量是否与门窗表中的尺寸、数量相符。
- 基础后浇带与集水井重叠比较严重。
- 净高不足：楼梯净高、坡道净高、一些特殊通道位置净高、门窗洞口高度无法满足。
- 房间无门，门窗洞口平面尺寸不足。
- 卫生间未设置地漏示意图及重点说明。
- 用水房间无上翻导墙说明。
- 镀锌钢丝网宽度是否明确（一般为不小于200mm）。
- 屋面防水材料、构造做法以及上翻高度是否明确。
- 砌体墙粉刷前是否应做界面处理。
- 室外散水、坡道、台阶等做法是否明确。
- 外墙迎水（土）面保护层取值为50mm时，保护层内是否有钢筋网片（设计有不同描述）。
- 基础基坑无构造详图及说明。
- 后浇带做法有没有节点详图。
- 底筋、面筋遇承台如何布置。

5.3 记录图纸问题的方法

5.3.1 记录格式

为了使记录的图纸问题更加清晰明了、简单易懂，要专门制定统一的标准，方便查看，具体内容如下：

1）分项名称可布置为一排或两排，居中对齐，如图 5-1 所示。

序号	图纸编号	图纸问题	设计答复（模型暂处理办法）

图 5-1 图纸问题记录表表头

2）序号使用阿拉伯数字即可，不要带“.”“、”等符号，如图 5-2 所示。

3）图纸编号不可带与编号无关的文字或符号，如图 5-2 所示。

4）多张图纸时，图纸编号之间可加“、”或“/”号一并描述，也可多排放置，如图5-3所示。

5）图纸编号栏应严格按照图纸中标示的图纸编号进行描

序号
1

（错误示例）

序号	图纸编号
1	建施-01中

（错误示例）

序号
1

（正确示例）

序号	图纸编号
1	建施-01

（正确示例）

图 5-2 记录格式示例 I

述，并附上版本号，如图 5－4 所示。

6）向客户提交的图纸问题记录中，土建和钢筋专业应整合为“土建”。

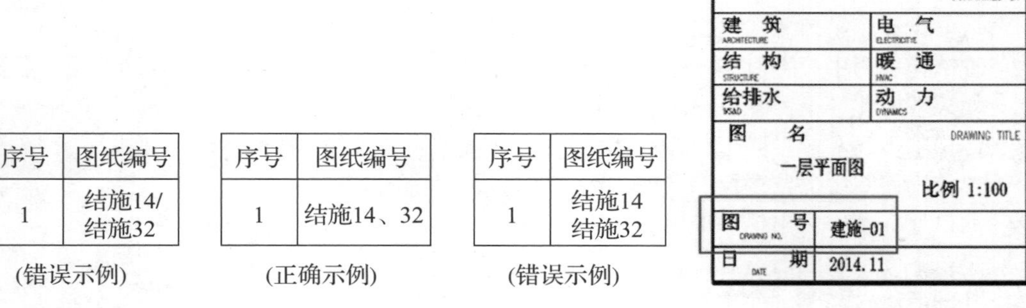

序号	图纸编号
1	结施14/ 结施32

(错误示例)

序号	图纸编号
1	结施14、32

(正确示例)

序号	图纸编号
1	结施14 结施32

(错误示例)

图 5－3　记录格式示例 II

图 5－4　图纸名称

5.3.2　描述要求

1. 文字要求

问题叙述过程要包含 3 个要素：“轴线位置”“构件名称”“错误内容（暂处理办法）”，在此基础上，语言应简明扼要，不要有形容词和口语话用词，避免介词乱用，避免软件功能用词（不要把软件里的词语带入图纸问题中，如图层、0 墙等），不要出现错别字。

正确示例：

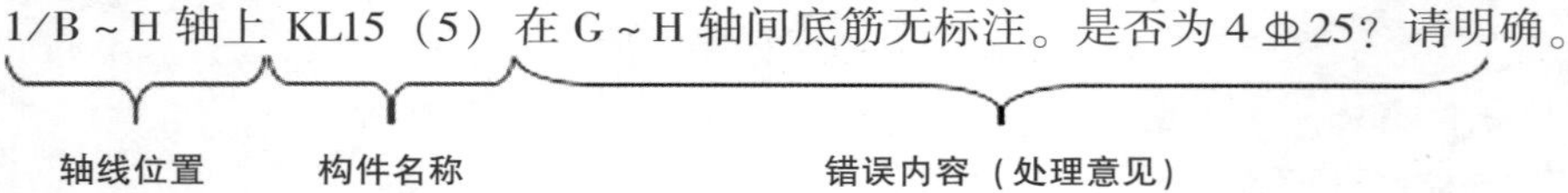

1/B ~ H 轴上 KL15（5）在 G ~ H 轴间底筋无标注。是否为 4 ⌀25？请明确。
轴线位置
构件名称
错误内容（处理意见）

错误示例：

1	结施 1－11	【原】独基大样图中防水地板厚 350 和独基与防水地板连接大样图中防水地板厚 300 相矛盾 【改】独基大样图中防水底板厚度标注为 350，独基与防水底板连接大样图中防水底板厚度标注为 300，两者矛盾，以何为准？	问题： ①出现错别字 ②“和独基与防水地板”介词连用
2	结施 1－63	【原】图中 KZ3a 中部筋为 3 ⌀20，图示为 5 ⌀22 【改】KZ3a 柱表详图的中部筋标注为 3 ⌀20，而大样图中为 5 ⌀22，两者不符，以何为准？	问题： 未明确具体是什么图中的配筋信息
3	建施 1－10	【原】1－2 轴/A 轴间新风井无结构详图，从－2层直到一层都存在（作为有防爆波活门处通风井是否应当为混凝土结构？活门洞口大小？） 【改】1－2 轴/A 轴防爆波活门处新风井无结构详图（－2 层至 1 层皆有），其材质是否应为混凝土结构？此外，防爆波活门洞口无尺寸说明，请明确。	问题： 口语化措辞，条理不清

2．轴线位置（与图 5－5 配合理解）

1）“1～2”表示 1 轴与 2 轴之间。

2）“1/F”表示 1 轴和 F 轴相交。

3）“1～2/F～H”表示 1 轴、2 轴、F 轴、H 轴四条轴线相交组成的封闭区间。

4）当轴线存在 01/A 这样的轴号时，轴线相交的描述应使用“交”，而不能使用“/”。例：“01/A 交 3 轴”不可以写成“01/A/3 轴”。

3．介词使用（与图 5－5 配合理解）

间：1～2/F～H 轴间。

处：1/F 轴处。

内：1～2/F～H 轴间集水坑内、楼梯间内。

外：F～H/2 轴外 KZ2（2 轴外表示 2 轴右侧，不属于轴网范围内的区域）。

顶：1～2/H 轴处女儿墙顶。

底：1～2/F～H 轴间电梯基坑底。

外侧：外墙外侧。

内侧：外墙内侧。

侧壁：集水井侧壁。

东西南北：在图纸类似矩形、形状规则时，可使用东西南北。对图纸布局的描述尽量不要使用“上下左右”。

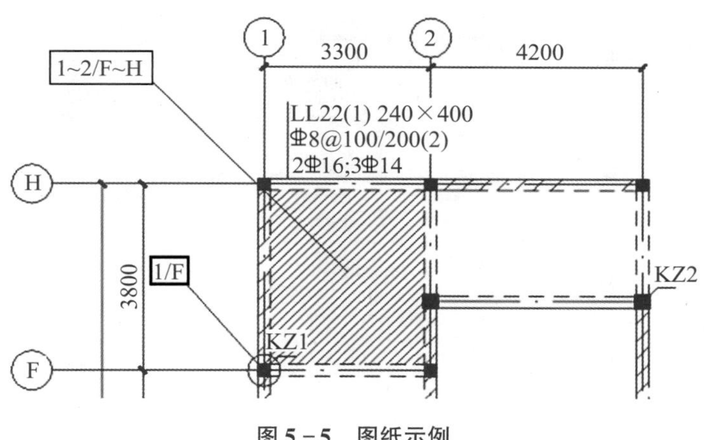

图 5－5 图纸示例

5.4 图纸问题交底流程

图纸问题交底流程一共分为 4 个步骤：

1）土建、钢筋负责人将两专业图纸问题进行整合，完成第一轮筛选和优化。

2）同一单体的土建和钢筋建模人员同时与驻场顾问进行交底；对照图纸问题和模型，逐条进行梳理，完成第二轮筛选和优化。若无法当面交底，第一轮筛选优化后，应将图纸问题及时发送给驻场顾问，由其自行熟悉，熟悉的过程中发现疑问时与建模负责人沟通讨论，完成第二轮的筛选和优化。

3）驻场顾问与客户交底：驻场顾问应在多方单位举行的“图纸会审”以前，先与项目技术负责人进行交底沟通，结合现场实际做第三轮的筛选和优化。如果错过了“图纸会审”，应尽量与施工单位单独组织一次图纸问题交底（结合 BE），做现场交底会议时，应尽量讲详尽一些，优先讲重要的和即将施工的部位，可与技术人员讨论模型中暂行的处理方法；待日后接到设计答复后，严格按设计要求处理模型。

4）向设计交底：提交图纸问题的文档，主动参加现场交底会议（协助图纸会审），做好充分的准备，对所提图纸问题足够熟悉，选择主要问题做详细交底，次要的可一带而过。交底时，必须结合 BE 模型进行交底，利用视口管理提前保存好视口。

注：

1. 提出图纸问题时，应站在客户的角度进行分析，对能给客户创造价值的图纸问题，应重点挖掘并做出成果报告，单独汇报给技术总工或项目经理。

2.《中华人民共和国建筑法》第五十八条规定：“工程设计的修改由原设计单位负责，建筑施工企业不得擅自修改工程设计。”鲁班工程顾问不可擅自对图纸问题进行直接修改。

3. 提出图纸问题时，“请明确”是经常出现的一个词，这是因为在国标图集中，有很多条目都写明“由设计指定”“由设计注明”等。

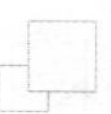

第 6 章 编制建模成果报告、交底文档

《建模成果报告》又称为《PBPS 项目第Ⅰ阶段成果报告》，是 PBPS 服务第一阶段结束后的交付报告，其中包括项目编制说明、项目概况、工程三维模型效果图、各专业工程量、主要技术指标等内容。

6.1 项目概况

项目概况泛指项目基本情况，其包含的内容较为广泛，涉及项目实施的所有关键因素，主要包括项目建设内容、建设规模、投资总额、地理位置、交通条件、气候环境、人文环境等。项目概况不仅在项目实施初期可以采用，而且在项目的后期运维过程中，同样可以通过项目概况来了解项目的使用情况。通过对项目概况的梳理，可以清楚地了解工程的基本情况、特点，另外在后期运维过程中，通过项目概况可了解对项目的针对性的方案内容、采取的措施，以及必要性和依据等，能够大大地减少了解项目的时间，提高处理问题的效率。

6.2 各专业工程量

模型建立完成之后，最能体现成果的便是汇总工程量，一份清楚完整的工程量报表可以为后期造价的编制和标书制作提供很大的方便。工程量更是施工企业进行生产经营管理和业主管理工程建设的重要依据。对于施工企业而言，以工程量为依据，可以编制施工组织设计、安排作业进度、组织编写材料供应计划、进行统计工作和实现经济核算；对于业主而言，以工程量为依据，可以编制建设计划、筹集资金、安排工程价款的拨付与结算、进行财务管理和核算。在项目实施的过程中，工程量处于很重要的地位，并可直接影响项目实施的经济效益。

6.3 编制说明

编制说明的编写是模型建立的“备份”过程，编制说明如图 6－1 所示。在模型建立过程中，会遇到因项目要求或条件限制等原因引起的各种建模难点，如果不把这些变通处理的方法

××项目工程模型建立编制说明

- 套清单目前没有套超高模板
- 套清单目前没有计算土方
- ±0.000以下部位楼板，图纸标注有垫层的板，套取满堂基础清单：图纸无标注有垫层的，套取有梁板清单（附注地面有梁板）
- 基础梁加腋用满堂基础代替布置，套取基础梁清单
- 与楼板相交的梁套取有梁板清单
- 腰梁套取矩形梁清单
- 屋面检修孔维护，用次梁布置，套取有梁板清单

图 6－1 编制说明

记录下来，很可能会为后期的变更或模型管理带来不便，影响项目实施进度。通过对“编制说明”的编写，可直接反映出工程模型在建立过程中所遇到的各项问题以及所对应的处理方法，能够为模型的后期处理工作带来极大的方便。

6.4 主要技术指标

主要技术指标又称为工程量指标，是对构成工程实体的主要构件或要素数量的统计分析，包括单方钢筋、混凝土、砌体、模板等工程量以及按建筑项目用途统计分析的单方地面、顶棚、内墙、外墙等装饰工程量。

例：单层工业厂房每 100m^2 建筑面积主要工程量指标见表 6－1。

表 6－1 工程量指标

序号	项目	单位	指标
1	基础（钢筋混凝土）	m^3	14～18
2	外墙（240 砖为主）	m^3	15～36
3	内墙（120 砖为主）	m^3	5～20
4	钢筋混凝土（现浇、预制） 其中：柱 23%，梁 11%，屋面梁 18%，过梁及圈梁 10%，屋面板 36%，其他 2%	m^3	17～19
5	门	m^2	3～6
6	窗	m^2	20～30
7	屋面	m^2	110～135
8	楼地面	m^2	91～98
9	内粉刷	m^2	150～350
10	外粉刷	m^2	40～100
11	顶棚	m^2	94～100

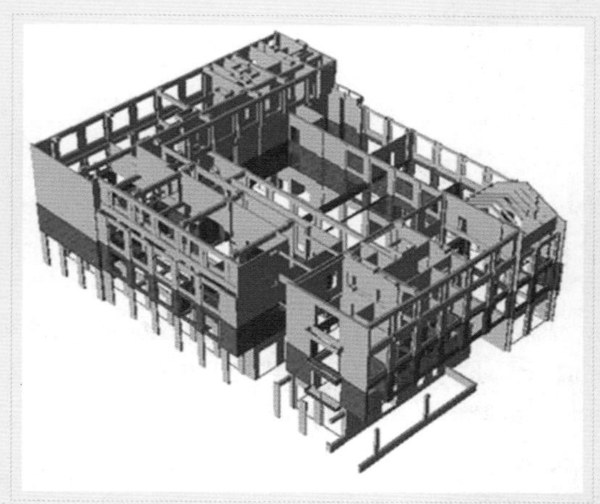

第三篇 BIM 应用之造价员

03

第7章* 案例项目图纸总说明

根据建筑施工图设计总说明、结构施工图设计总说明进行说明要点的编写，主要用于鲁班土建、鲁班钢筋 BIM 建模软件建模过程中的工程设置，保证模型建模信息的完整性以及模型数据的准确性。同时，说明要点方便工作人员初步预览工程整体概况，了解工程要点。

7.1 工程概况

1）工程名称：××商业文化广场。

2）建设地点：上海市。

3）建设单位：××建筑工程有限公司。

4）结构类型：框架-剪力墙结构。

5）基础类型：桩基。

6）总建筑面积及各项建筑指标。总建筑面积 31699.51m²，其中地上总建筑面积 16379.87m²，地下总建筑面积 15319.64m²；建筑高度 1#楼 23.90m，2#楼 19.70m，3#、4#楼 15.20m；分层面积表（计算面积算至保温层外边线）见表 7－1。

表 7－1　分层面积表（部分）

地下部分		2#楼地上部分					
地下二层	地下一层	一层	二层	三层	四层	五层	屋面设备层
6097.45m²	6435.96m²（含夹层 305.58m²）	1524.82m²（保温 57）	1789.37m²（保温 45）	1789.37m²（保温 45）	1109.96m²（保温 36）	—	—

7）建筑抗震等级：见表 7－2。

表 7－2　建筑抗震等级

项　目		1#	2#
地下室抗震等级	地下二层框架—剪力墙	四级	
	地下一层框架	三级	
	地下一层剪力墙	三级	三级
地上部分抗震等级	地上部分框架	四级	三级
	地上部分剪力墙	三级	三级
钢结构		四级	四级
嵌固端位置		地下一层顶板	
注：特殊构件抗震等级见图面标注。			

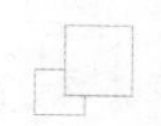

8）混凝土强度等级：见表 7－3。

表 7－3　混凝土强度等级

1#、2#地下室，2#楼								
楼层	层高/mm	基础	柱	墙、连梁	梁	板	楼梯	二次结构
地下二层	4300	C45	C40	C40	C40	C40	C30	C20
地下一层	5450		C40	C40	C40	C40	C30	C20
一层	5400		C40	C40	C40	C40	C30	C20
二层	4500		C30	C30	C40	C40	C30	C20
三层	4500		C30	C30	C30	C30	C30	C20
四层	4550		C30	C30	C30	C30	C30	C20
顶层	2850		C30	C30	C30	C30		C20

7.2　建筑图纸说明

设计标高：室内 ±0.000 相当于绝对标高 4.750m，室内外高差为 0.30m。

砌体结构：±0.000 以下内隔墙采用 200（100）厚 MU7.5 混凝土小型空心砌块，Mb7.5 混合砂浆砌筑；防火分区处隔墙采用 200 厚蒸压加气混凝土砌块砌筑。内管道除注明外，在管道安装就位后用 60 厚 GRC 板封砌。

墙体：轻质隔墙的根部做 C20 细石混凝土，高 200mm。

凡门洞、边墙转角处设置构造柱或芯柱，每层设圈梁，一层及顶层的窗台应通长设置。该工程均为现浇钢筋混凝土楼地面，结构降板 50mm（100mm、200mm、300mm）。预留建筑面层厚度分别为：地下室地面建筑面层 100mm（200mm、300mm），上部结构地面建筑面层厚度设定为 50mm，走道楼梯为 30mm。

空心砌块外墙门窗洞口周边 200mm 范围内应用实心砌体或者 C20 细石混凝土填实。外墙不同材料交接处在粉刷前均须涂刷相对应的墙面界面剂，并应在找平层中附加金属网，宽为 300mm。

凡窗台低于室内地坪以上 800mm 的，在 900～1100mm 处设加强横档，其下玻璃为安全玻璃。

外墙勒脚基层做法：30 厚 1:2 水泥砂浆抹面，勒脚贴面材料应深入贴临的明沟、散水、台阶、平台、坡道等面层以下不少于 100mm。连接处设 20mm 宽缝，缝内用水泥刨花板等做间隔，顶部用防水油膏封平。

建筑外墙至地面设置散水，宽 700mm。

建筑室外阳台、连廊、楼梯、上人屋面等设防护栏杆或栏板，栏杆垂直净距不大于 110mm，栏杆、栏板高度不小于 1050mm。

装饰做法见表 7－4。

表 7－4　装饰做法表

内墙	抹灰墙面	设备用房、楼梯间	喷面浆饰面（水性耐擦洗涂料） 满刮 2 厚耐水腻子分遍找平
			12 厚 1:3:9 水泥石灰膏砂浆打底分层赶平 15 厚 1:3 水泥砂浆刮糙
			结构墙砌体刷界面剂一度
	水泥砂浆墙面	管道井、电梯井道、通风竖井	喷面浆饰面（水性耐擦洗涂料） 9 厚 1:3 水泥砂浆打底扫毛或划出纹道
			结构墙砌体刷界面剂一度
	釉面砖内墙	厨房、卫生间、垃圾房、道班房	5 厚釉面砖面层（粘贴前首先将釉面砖浸水 2h 以上），白水泥擦缝
			5 厚专用胶粘结层 5 厚 1:2. 5 水泥砂浆罩面压实赶光
			1. 5 厚聚氨酯防水涂料 10 厚 1:3 水泥砂浆打底压实抹平（要求平整）
			结构墙砌体刷界面剂一度
	轻钢龙骨石膏板吊顶	就餐区、文化产业用房、电信服务用房、银行、美食街、超市、养生室等使用功能空间	轻钢龙骨石膏板 腻子批嵌砂平
			刷界面剂一道 钢筋混凝土顶板
	乳胶漆平顶 1	后勤管理用房、楼梯间	合成树脂乳液涂料面层二道（每遍间隔 2h） 封底漆一道（干燥后再做面涂）
			3 厚 1:0. 2:2. 5 水泥石灰膏砂浆找平 5 厚 1:0. 2:3 水泥石灰膏砂浆打底扫毛或划出纹道
			素水泥浆一道甩毛（内掺建筑胶） 钢筋混凝土顶板
	乳胶漆平顶 2	各类库房、水泵房、水箱间、强弱电间、高低压配电室、空调机房等设备用房	一底二度白色乳胶漆
			防潮防霉涂料
			刷界面剂一道 钢筋混凝土顶板

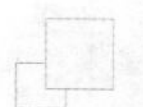

7.3 结构图纸说明

（1）编制依据

《建筑抗震设计规范》（GB 50011—2010）。
《混凝土结构施工图平面整体表示方法制图规则和构造详图》（16G101—1～3）。
《砌体填充墙结构构造》（12G614—1）。
《钢筋混凝土结构预埋件》（16G362）。
《钢筋机械连接技术规程》（JGJ 107—2016）。

（2）混凝土保护层

混凝土保护层见表 7-5。

表 7-5 混凝土保护层

环境类别	板、墙	梁、柱
一	15 mm	20 mm
二 a	20 mm	25 mm

（3）钢筋锚固搭接

1）纵向受拉钢筋的锚固长度、搭接长度及其构造要求参见《混凝土结构施工图平面整体表示方法制图规则和构造详图》。钢筋接头应符合规范的要求，对于直径≥22mm 的钢筋，应优先采用机械连接或焊接接头。

2）钢筋的机械连接：基础梁、板、桩承台及上部梁、柱类结构构件中的纵筋，当采用非绑扎搭接时，宜优先采用机械连接。机械连接的接头等级应采用 I 级（工程图中有特殊要求的除外），其他要求应符合现行行业标准《钢筋机械连接技术规程》（JGJ 107—2016）中的有关规定。

3）钢筋的焊接：基础梁、桩承台及上部梁、柱类结构构件中的纵筋，当采用焊接时，宜优先采用等强闪光对接焊；其他结构构件中的纵筋可采用对心搭接焊，且尽量采用双面焊，搭接焊的焊缝长度双面焊应≥5d、单面焊应≥10d，焊缝厚度应≥0.3d、宽度应≥0.8d。焊缝及焊接的其他要求应符合现行行业标准《钢筋焊接及验收规程》（JGJ 18—2012）等相关规范的有关规定。

4）锚筋与预埋件的连接应优先采用穿孔塞焊。

5）对于常用的钢筋需作现场代换时，除了必须满足等强度原则外，尚应满足规范有关钢筋净距、最大间距、最小锚固根数、最小配筋率等的规定，并且在同一受力面钢筋的级差不超过两级。

（4）普通梁楼板构造

1）梁的腰筋：当梁受扭时，抗扭钢筋详见具体图纸；当梁的腹板高度 h_w≥450mm 时，除工程图中已标注外，未标注腰筋的梁均应按要求沿梁两侧均匀设置构造腰筋。梁腰筋锚固及搭接的长度按构造钢筋、抗扭钢筋的要求，具体长度见图集《16G101—1》。

2）吊筋及附加箍筋如图 7-1 所示。

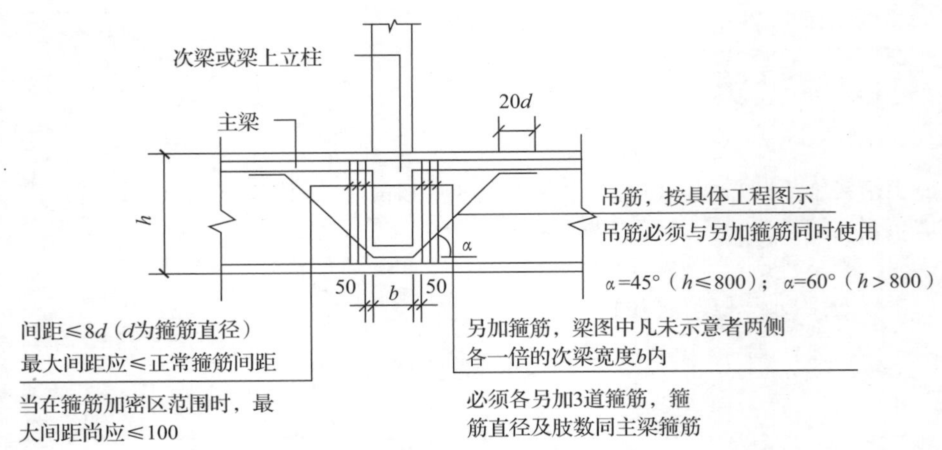

图7－1　梁吊筋及附加箍筋

3）外墙阳角附加放射筋如图7－2所示。

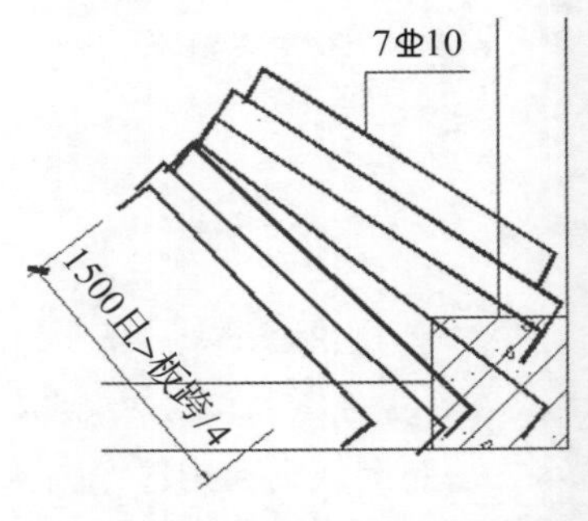

图7－2　外墙阳角附加放射筋

（5）填充墙抗震构造

180～200厚墙，当3.5m＜墙高≤5m时，应在墙高的中间部位或门窗洞顶处设置一道圈梁；当墙高5m＜墙高≤10m时，除在下层门窗洞顶处设置一道圈梁外，还要在上层窗底处增设一道圈梁，如无门窗洞口，亦可在层高范围内均匀布置两道圈梁，圈梁如图7－3所示。同时，当墙长＞5m、中间又无横墙或柱拉结时，应设置混凝土构造柱及角柱，如图7－4所示。

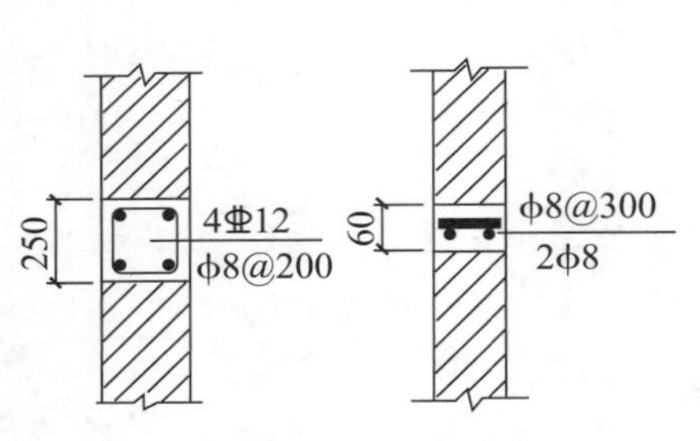

图7－3　圈梁

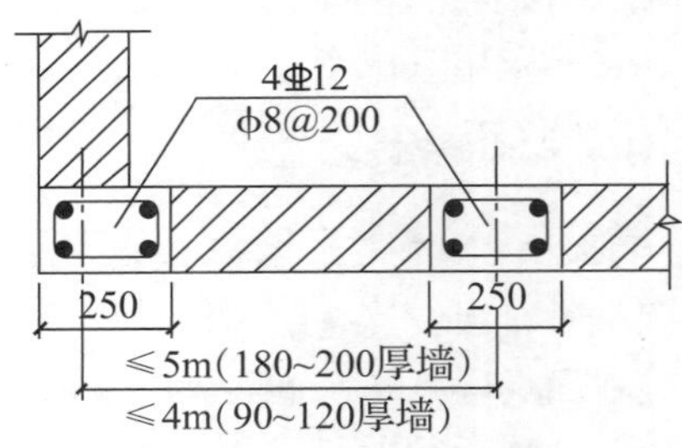

图7－4　混凝土构造柱及角柱

（6）混凝土框架要求

1）框架梁及框架柱的构造，除工程图中特别注明者外，应按国家建筑标准设计图案《混凝土结构施工图平面整体表示方法制图规则和构造详图》中的有关规定执行。

2）顶层框架梁，当工程图中未按屋面梁编号时，也按屋面框架梁构造执行。

（7）混凝土剪力墙要求

1）剪力墙拉筋布置采用梅花型布置。

2）暗柱及端柱的钢筋构造要求应与相同抗震等级的框架柱相同。

3）注意墙体开洞的构造要求。

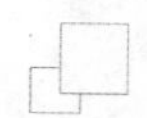

第 8 章　施工图图纸整理及重点摘录

施工图要点应根据建筑施工图、结构施工图进行编写。对施工图图纸顺序目录进行整理，对 BIM 建模过程中图纸的关键注意点进行整理。施工图要点的编写有助于了解整体工程图纸的情况，同时有利于掌握施工图纸的关键点。

8.1　图纸顺序目录整理

整理施工图图纸顺序并记录成表格，有助于了解工程项目图纸资料，避免后续工程项目实际建模过程中图纸缺失问题的发生。通过图纸目录，在后期图纸变更时更容易对图纸进行梳理，其是工程项目建模过程中图纸资料完整的重要保证，见表 8－1、表 8－2。

表 8－1　建筑施工图图纸目录

2#楼图纸检查记录				
序号	图号	图纸名称	备注	文件名
1	建施　01B	一层平面图	1	一层平面图
2	建施　02B	二层平面图	1	二层平面图
3	建施　03A	三层平面图	1	三层平面图
4	建施　04A	四层平面图	1	四层平面图
5	建施　05A	闷顶夹层平面图	1	闷顶夹层平面图
6	建施　06A	屋顶层平面图	1	屋顶层平面图
7	建施　07	1－8－1－15 轴立面图、1－15－1－8 轴立面图	1	2#楼立面图
8	建施 08	1－H－1－B 轴立面图、1－B－1－H 轴立面图	1	
9	建施 09	A－A 剖面图	1	2#楼剖面图
10	建施 10	B－B 剖面图	1	
11	建施 11	楼梯 2－1 大样图	1	楼梯－1
12	建施 12	楼梯 2－2 大样图	1	楼梯－2
13	建施 13A	楼梯 2－3 大样图、楼梯 2－4 大样图	1	楼梯－3
14	建施 14	楼梯 2－5 大样图、楼梯 2－6 大样图、楼梯 2－7 大样图	1	
15	建施 15	墙身大样一	1	墙身详图
16	建施 16	墙身大样二	1	
17	建施 17	墙身大样三	1	
18	建施 18	墙身大样四、节点详图	1	
19	建施 19	卫生间详图	1	卫生间详图

（续）

2#楼图纸检查记录				
序号	图号	图纸名称	备注	文件名
20	建施 20	门窗表、门窗大样一	1	门窗详图
21	建施 21	门窗大样二	1	
22	建施 22	1#、2#连廊详图	1	1#、2#连廊详图
23	建施 23	自动扶梯大样图	1	自动扶梯大样图
注：标记为“1”的表示有该图纸。				

表 8-2　结构施工图图纸目录

2#楼图纸检查记录				
序号	图号	图纸名称	备注	文件名
1	结施 01A	2#楼 -0.050~5.350 柱配筋图	1	2#楼柱施工图
2	结施 02A	2#楼 5.350~9.850 柱配筋图	1	
3	结施 03A	2#楼 9.850~14.350 柱配筋图	1	
4	结施 04A	2#楼 14.350~18.900 柱配筋图	1	
5	结施 05A	2#楼 -0.050~14.350 剪力墙配筋图	1	
6	结施 06	2#楼二层结构平面图	1	2#楼梁板施工图
7	结施 07	2#楼二层梁配筋平面图	1	
8	结施 08	2#楼三层结构平面图	1	
9	结施 09	2#楼三层梁配筋平面图	1	
10	结施 10A	2#楼四层结构平面图	1	
11	结施 11A	2#楼四层梁配筋平面图	1	
12	结施 12A	2#楼平顶层结构平面图	1	
13	结施 13A	2#楼平顶层梁配筋平面图	1	
14	结施 14	2#楼屋顶构架层结构平面图	1	
15	结施 15A	2#楼坡屋顶檩条平面图	1	
16	结施 16	楼梯 2-1 详图	1	2#楼楼梯施工图
17	结施 17	楼梯 2-2 详图	1	
18	结施 18	楼梯 2-3、2-4、2-5、2-6 详图（一）	1	
19	结施 19	楼梯 2-3、2-4、2-5、2-6 详图（二）	1	
20	结施 20	2#楼节点详图	1	2#楼节点详图
21	结施 21A	2#楼坡屋顶钢结构节点详图	1	
注：标记为“1”的表示有该图纸。				

8.2 建筑施工图要点

鲁班 BIM 土建建模节点详图与平面集中标注不符时，应参照建筑图、平面图以及上下楼层的相关数据来得出较合理的方案建模。以图 8－1、图 8－2 为例，依照节点详图来建模。

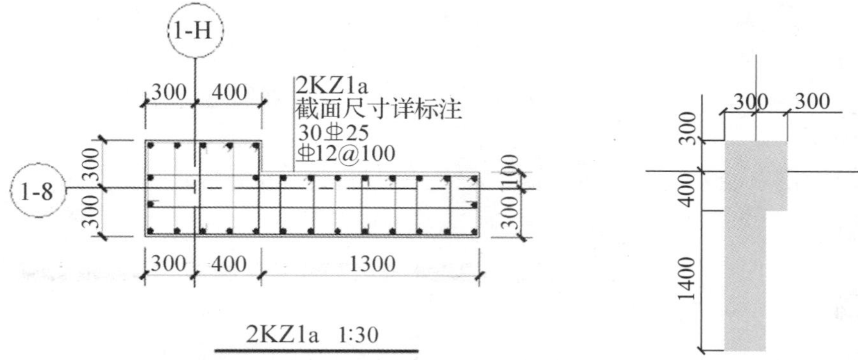

图 8－1 柱大样图　　图 8－2 梁平面图中的柱子定位

(1) 墙体注意要点

如图 8－3、图 8－4 所示，墙体转角处是阴阳角，且有柱子重叠，此时该处墙体应设置不同墙体厚度一段交接一段进行绘制，使柱子与墙体形成一个闭合的状态，否则会对“房间装饰”命令执行产生一定的影响。

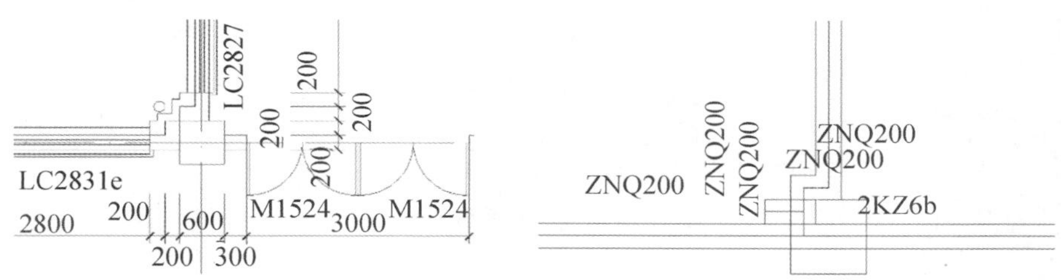

图 8－3 CAD 墙图　　图 8－4 鲁班土建 BIM 建模软件墙构件

(2) 梁体注意要点

对于梁体绘制，在梁与梁交汇处，没有其他构件作为支座支撑时，需要将绘制的梁体进行到端部（需要手动添加进行闭合），否则对后期梁的模板工程量有一定的影响，如图 8－5、图 8－6所示。

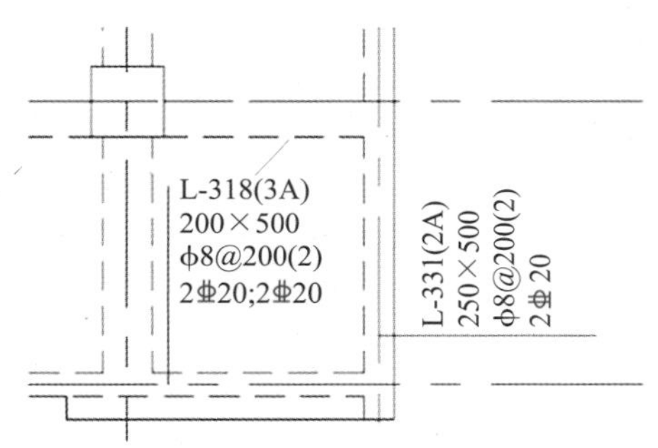

图 8－5 CAD 梁图

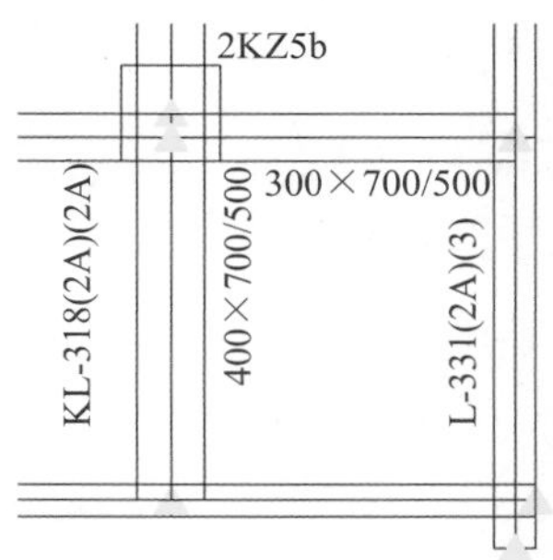

图 8－6 鲁班土建 BIM 建模软件梁构件

8.3 结构施工图要点

（1）墙柱图

1）地下室柱顶标高需根据梁顶标高确定。

2）若剪力墙暗柱图没有和墙柱图绘制在一起，实际建模时需注意剪力墙平面图的定位尺寸。

3）柱平面定位图采用截面标注且无柱表，进行 CAD 柱的转化时需转化为自定义断面，钢筋信息需单柱转化。

4）墙及暗柱平面图不在柱定位图中，需根据尺寸信息进行定位布置。

5）异形断面柱在钢筋 BIM 建模软件中采用自定义断面进行绘制，如图 8－7 所示。

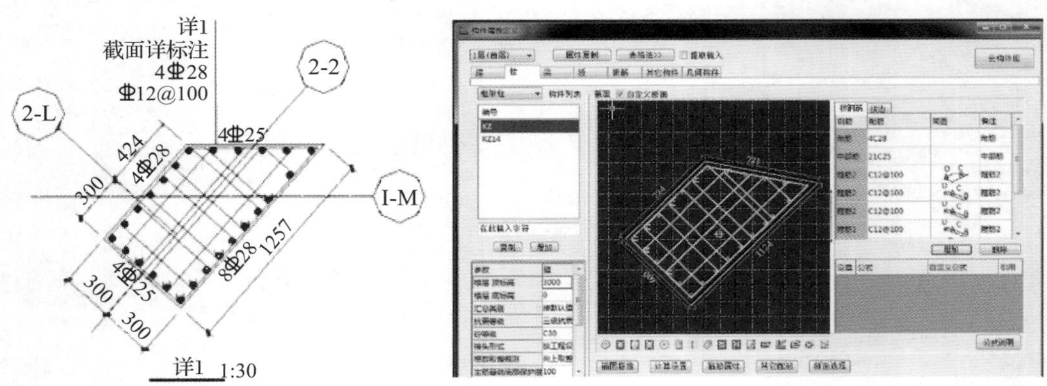

图 8－7 异形柱断面及配筋

（2）梁板要点

1）地下室梁图中水平梁和竖向梁在软件中分开标注，进行 CAD 转化前需注意图纸的合并处理。

2）主次梁交接处均应在主梁内次梁两侧附加三道箍筋，间距 50mm，箍筋直径及肢数同主梁内箍筋。

3）未特别注明的梁，梁中线位于轴线上或梁边与柱边平。

4）注意地下室夹层梁的设置。

5）注意洞口加强筋的布置。

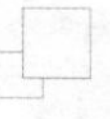

第 9 章　设备说明要点

根据施工说明中的相关工程信息进行设备说明要点的编写，其主要用于鲁班安装 BIM 建模软件建模过程中工程设置的相关信息要点以及工程实际建模中需要注意的通用信息和附加信息，保证建模信息的完整性以及模型数据的准确性等。同时，设备说明要方便工作人员初步预览工程整体概况，了解工程要点。

9.1　编制说明

机电安装包含内容：给排水、电气、暖通、消防、弱电等。

给排水专业：建模时按照图纸上的尺寸来计算，未给标高按照梁下敷设。

电气专业：建模时，桥架按照梁下敷设。

暖通专业：建模时按照图纸上的尺寸来计算，未给标高按照梁下敷设。

消防专业：建模时按照图纸上的尺寸来计算，未给标高按照梁下敷设。

弱电专业：建模时，桥架按照梁下敷设。

9.2　各专业基础数据要点概述

9.2.1　给排水专业

设计基地室外场地标高见图纸，图中所注标高为绝对标高，室内地坪 ±0.00 相对于绝对标高为 4.75m，室外道路绝对标高为 4.45m，图中管径以 mm 计，标高以 m 计。图中给水管标高指管中心，排水管标高指管内底。室外埋地给水管及消防管管径小于 ϕ100 的采用 PE 管，管径大于等于 ϕ100 的采用给水球墨铸铁管。雨水管、室外污水管采用高密度聚乙烯（HDPE）双壁工字形室外排水管，橡胶密封圈连接，管道的环向弯曲刚度不小于 8kN/m^2。道路雨水口连接管为 De200，$i=0.01$，明沟雨水口连接管为 De160，$i=0.02$。污水管坡度：DN160，$i=0.007$；DN200，$i=0.004$；DN300，$i=0.003$。雨污水检查井塑料窨井，管径 $<DN$450 时采用 600×600，管径 $\geqslant DN$450 时采用 750×750，管径为 DN800 时采用 900×1000。雨水检查井采用落底式，落底 300mm；污水检查井底部做流槽式，雨水管采用管顶平接；给水管道埋深为 700mm，如遇交叉碰撞，小管绕行。污废水系统：室内污、废水管采用高密度聚乙烯超静音排水管，沟槽式压环柔性连接。潜污泵出水管采用衬塑钢管及配件，丝扣连接。阀门：冷热水管 $DN<50$ 采用优质截止阀；$DN\geqslant 50$ 采用优质闸阀或蝶阀。

9.2.2　电气专业

（1）电缆、导线的选型及敷设

导线穿管：2～4 根穿 MT20/SC20；5～6 根穿 MT25/SC25；7 根及以上分管穿。电缆、导线选型：消防干线 WDZAN－YJY－0.6/1kV 型电力电缆；消防分支线 WDZAN－YJY－0.6/1kV 型电力电缆或 WDZBN－BYJ－0.45/0.75kV 型塑铜导线；一般设备配电缆均采用 WDZA－YJY－0.6/1kV 型电力电缆或 WDZB－BYJ－0.45/0.75kV 型塑铜导线。照明、插座回路导线规格除注明外一般均为 WDZB－BYJ－0.45/0.75kV－2×2.5＋E2.5 或 WDZBN－BYJ－0.45/0.75kV－2×2.5＋E2.5。进户电缆进入1型总熔断器盒、电缆终端箱或低压供用电柜时，电缆保护钢导管的直径为150mm，管壁厚度不应小于4.5mm。敷设时应内高外低，水平倾斜应小于30°。

(2) 安装高度（除图中注明外）

变配电所内高低压配电柜及电力、照明配电柜均为落地安装。除说明外，强、弱电竖井内及各设备机房内电力、照明配电箱均为明装，其余配电箱均为暗装，安装高度详见配电箱系统图。照明开关、风机盘管、温度控制调速开关均为嵌墙暗装，下口距地1.3m，离门框边不小于0.15m。插座均为嵌墙暗装，卫生间插座距地1.5m，一般未注明标高的插座距地0.3m。疏散标志灯嵌墙安装，下口距地0.5m；安全出口标志灯挂墙安装，下口距门框顶0.1m。无障碍厕位求助按钮底距地0.5m，门外底距地2.5m设求助声光报警装置。

(3) 安保措施

建筑物顶部接闪器由接闪带、金属构架、接闪网组成，接闪带采用25×4热镀锌扁钢，沿屋顶女儿墙外墙面四周敷设，支持卡子间距为0.5m，转角处悬空段不大于0.3m，接闪带高出屋面装饰柱或女儿墙0.15m，屋面采用40×4热镀锌扁钢组成避雷网格，避雷网格沿屋面敷设。避雷网格不大于10m×10m或12m×8m。接地装置：采用共用接地方式，利用基础底板的上下两层主筋、桩基承台钢筋网、桩基钢筋连接起来构成等电位接地网络，图中桩基承台钢筋、桩基钢筋及基础底板的上下两层主筋连接均采用焊接，接地电阻要求不大于1欧姆。

9.2.3 暖通专业

(1) 空调冷热源及水系统

地下室（1#、2#楼地下部分）设计冷负荷为736kW，冷指标为259W/m^2；设计热负荷为316kW，热指标为111W/m^2。空调冷热源采用空气源热泵，制冷量为393kW，机组放置于室外绿化内，水系统采用一次泵变流量系统，供回水温度为7度、12度，采用膨胀水箱定压。

(2) 防烟设施

地上楼梯间采用自然排烟方式，每5层内自然通风面积不小于2m^2，并应保证该楼梯间顶层设有不小于0.8m^2 的自然通风面积。地下室的封闭楼梯间，首层有直接对外出口或开有不小于1.2m^{2}的可开启外窗，地下室的防烟楼梯间（北侧带夹层的防烟楼梯间）独立设置一套正压送风系统。

(3) 水管管道

管道的标准和材质：镀锌钢管（符合 GB/T 3091—2015），材料 Q235－A；无缝钢管（符合 GB/T 8163—2008），材料20#钢。所有管道的配件、阀门和连接形式等均应满足该管道工作压力的要求。采用无缝钢管的水管道系统，其弯头与三通须采用压制配件；二通弯的中轴线的弯曲半径采用1.5D，三通弯曲半径不小于1.0D。

9.2.4 消防专业

(1) 室内消火栓系统

系统采用稳高压制，整个基地区域集中供水，室内消火栓采用一个分区，在地下室设置一套消火栓主泵及一套消火栓稳压泵。消火栓安装在非防火墙时采用暗装，安装在剪力墙柱子上或防火墙时采用明装，必要部位进行建筑装修处理，安装在圆柱上时可考虑进行装修处理或移位。消火栓箱为单阀单栓带灭火器组合式消防箱，并带软管卷盘及消房泵启动按钮。

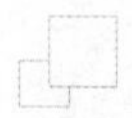

（2）消防水源

设计从基地外侧市政环网引两路 *DN*200 消防接管，并在本地块内成环，环管管径 *DN*250。

（3）消防水量

本建筑为小于 24m 的多层商业餐饮建筑，体积大于 25000m^3，设置消火栓系统及喷淋系统保护。消防、喷淋系统管径 *DN*≥100，采用无缝钢管及配件，热镀锌二次安装，沟槽连接；管径 *DN*<100，采用热镀锌钢管及配件，丝扣连接，工作压力按 1.6MPa 计；消防管道法兰连接时应热镀锌二次安装。

9.2.5　弱电专业

公共广播系统功放设在一层消防安保中心内，由消防控制中心至楼层广播分线箱的线路采用 WDZAN－KYJY－3×1.5，广播分线箱至扬声器的线路采用 WDZBN－RVJS－2×0.75；垂直线路金属线槽内敷设，水平线路穿薄壁钢管沿顶板、墙壁、吊顶内明敷，音量控制开关安装在楼层广播分线箱内。

序号	图纸编号	图纸问题	模型处理方法
1	电施 01－02A	ALE/b/B1/1/1 无系统图	使用 ALE/D/B1/1/1 替换
2	电施 01－02A	APEPD/d/B1/3/1 无配电箱	未建模
3	电施 01－02A	ALCS/d/B1/1/1 编号与系统图不符	以系统图 KC 为准
4	电施 03－01	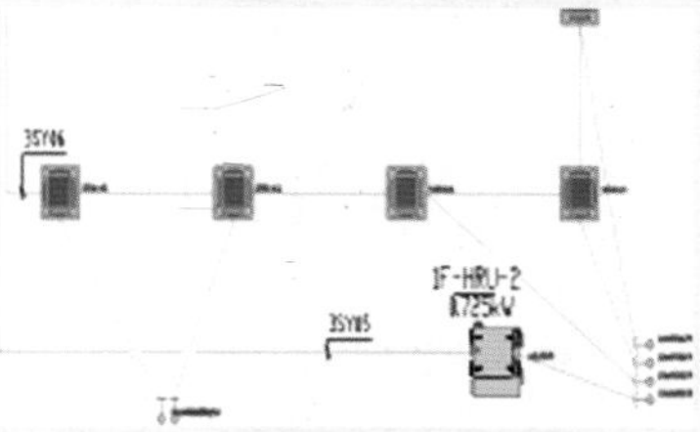 3SY05、3SY06 与系统图不符	以系统图为准
5	电施 03－01	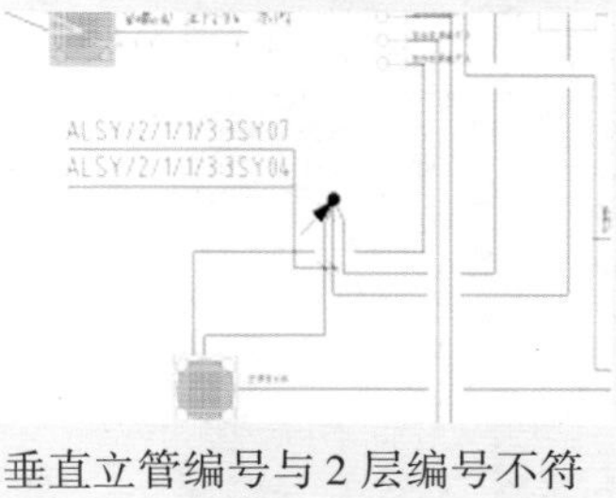 垂直立管编号与 2 层编号不符	以一层编号为准
6	电施 03－02	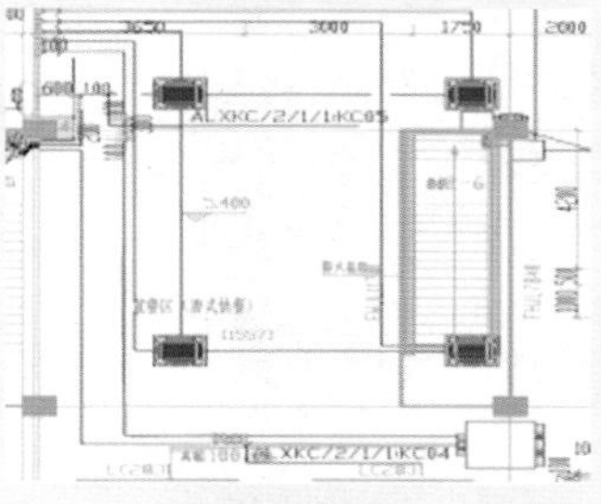 无系统编号	未建模

（续）

序号	图纸编号	图纸问题	模型处理方法
7	电施 01－03A	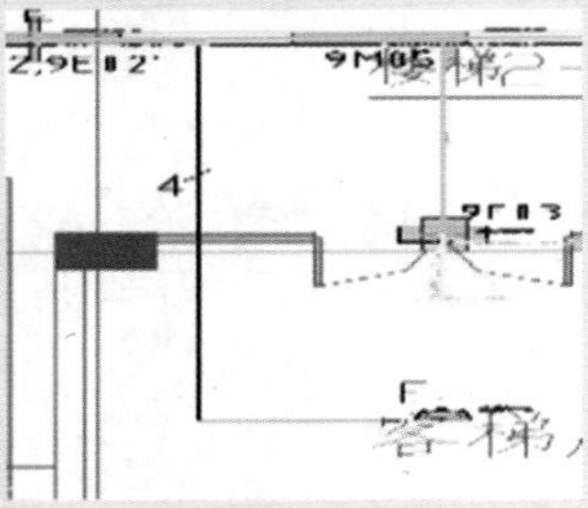 无系统编号	未建模
8	水施 04B，13B	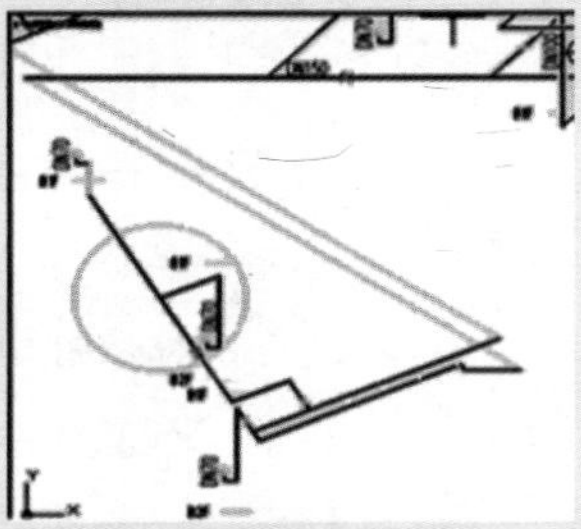 平面图中无该系统图处消火栓	未建模

第 10 章* 工程中复杂点及难点记录

10.1 屋顶檐沟

项目图纸中的屋面檐沟类型，软件中暂无该断面选择，可以直接用“自定义线构件”功能进行截面绘制或者对 CAD 截面进行提取，之后通过“布檐沟”命令绘制，以此完成该节点。CAD 图纸与软件绘制完成的效果界面，如图 10－1、图 10－2 所示。

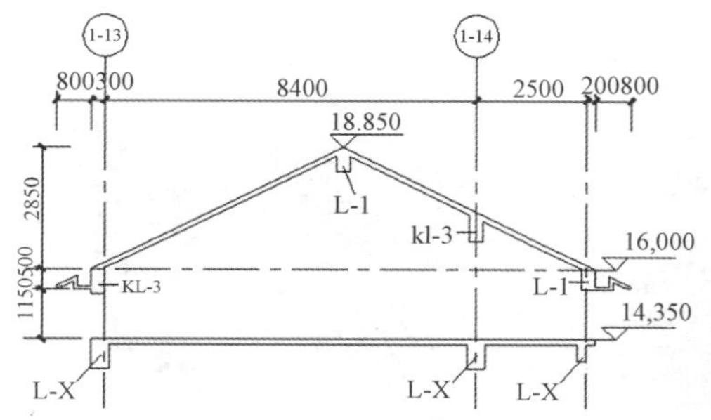

图 10－1　坡屋面详图

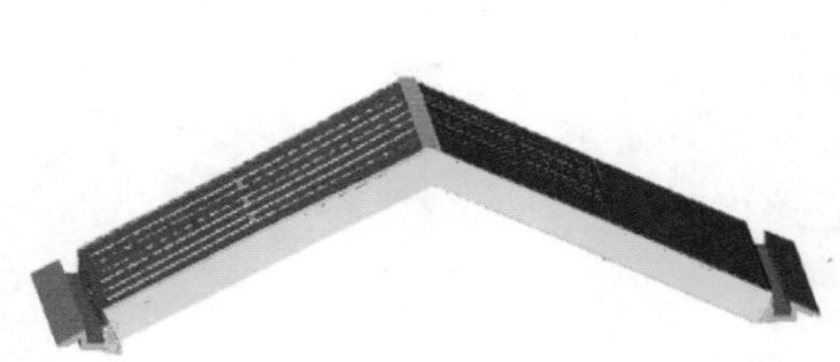

图 10－2　坡屋面效果图

10.2 建筑节点

图纸该处没有具体注明构件的详细信息，结合上下层结构组成，确定该处为因降板而造成的一道上翻梁，以此在属性定义时可以直接用框架梁将其定义为“上翻梁”，以方便和其他梁构件的工程量进行区分。平立面以及软件直接绘制效果图，如图 10－3 ~ 图 10－5 所示。

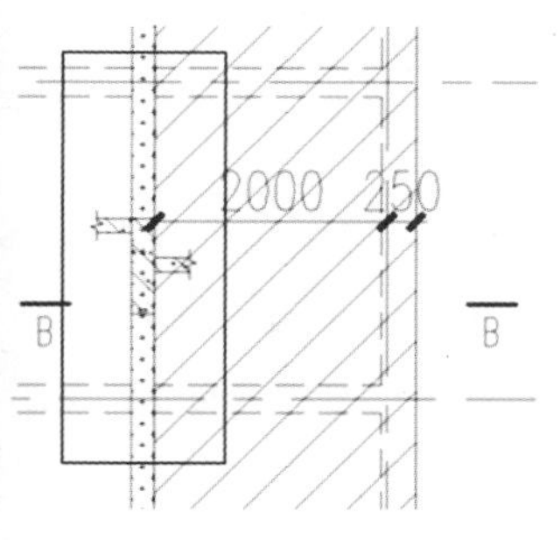

图 10－3　局部降板示意图

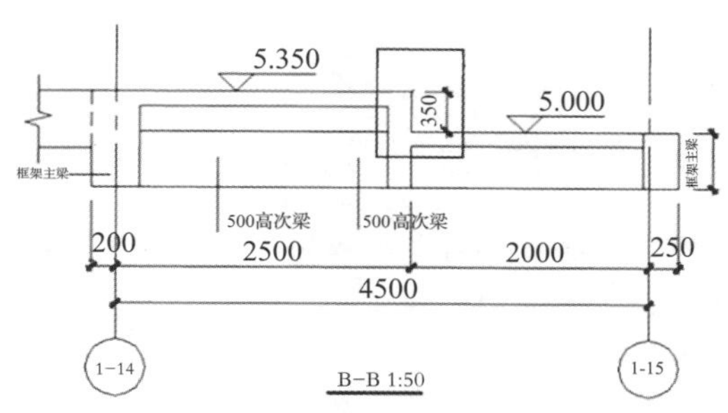

图 10－4　局部降板详图

图 10－5　局部降板效果图

10.3 墙身节点

由四层平面图引出该处的具体操作步骤该怎样定义？通过平面图可知道该处是圆弧形构件，那么是柱体还是其他构件体？所引发的该处构件用什么定义合适？根据以上情况结合四层平面图、2 楼立面图、墙身详图等确认该处为弧形墙身，有变截面墙和弧形墙身高差的出现等问题。

结合以上情况，出具鲁班 BIM 建模给出的最后效果，如图 10－6～图 10－9 所示。

注：同一位置有不同截面的墙体，在鲁班 BIM 建模中建议分层进行绘制。下部 400cm 墙厚在本层属性定义之后在“分层一”中进行绘制，上部 200cm 墙厚属性定义之后则在本层正常绘制。

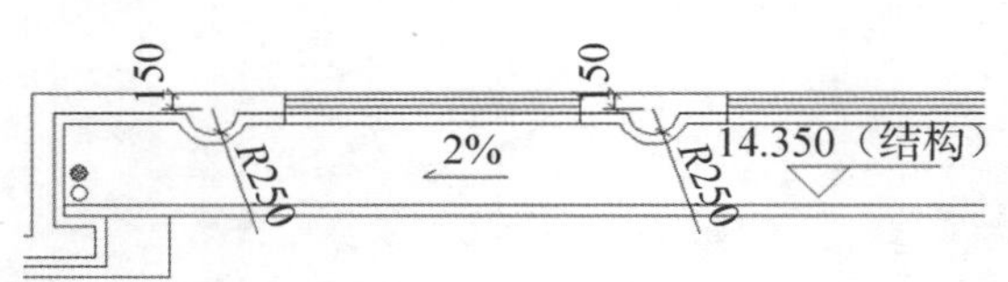

图 10－6　局部平面图

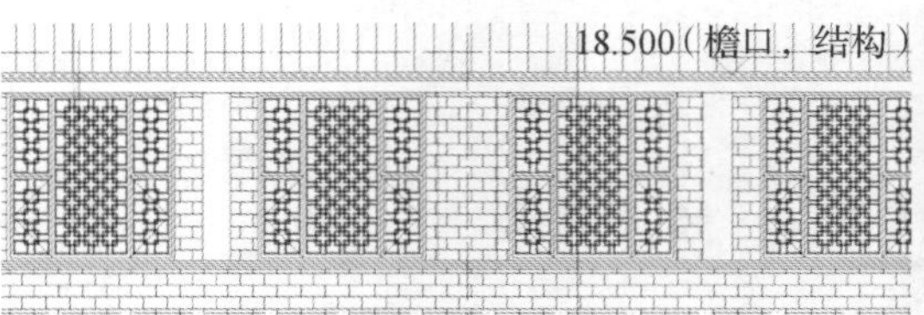

图 10－7　CAD 立面效果图

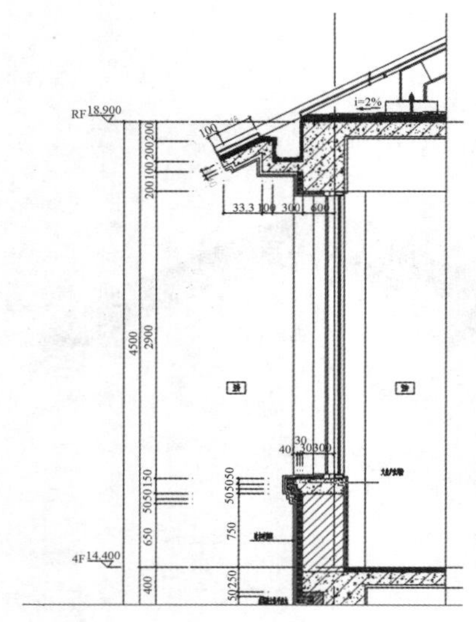

图 10－8　墙身效果图

图 10－9　BIM 建模效果

10.4　山墙压顶

由闷顶层平面图以及四层平面图引出山墙顶都有类似压顶的构件，那么该处的具体构件用哪些命令进行操作完成呢？一般情况下多数操作人员会选择自定义线性构件绘制或提取相关的截面之后再进行绘制，结合 2#楼立面图、2#楼剖面图等相关图纸可了解该处有折断区域，用自定义线性构件进行绘制最高处会出现不能闭合的情况，间接对该构件的工程量（实体、模板等）造成一定的量差，所以在这种情况下可用梁体中的自定义断面进行绘制，以杜绝上述的一系列问题，如图 10－10～图 10－12 所示。

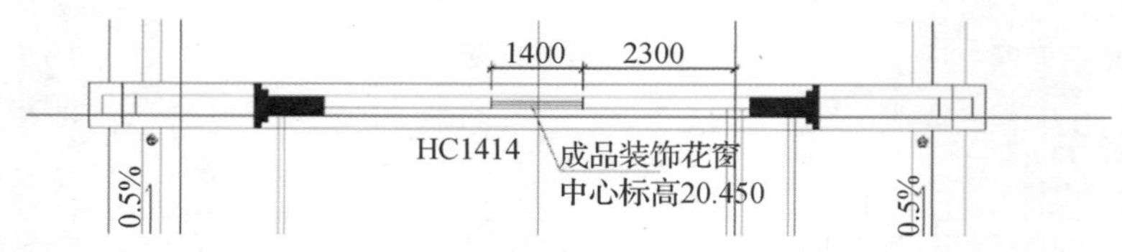

图 10－10　CAD 局部山墙压顶示意图

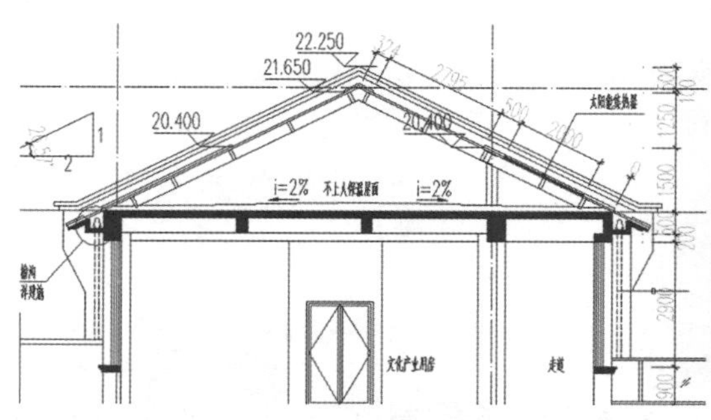

图 10－11　山墙剖面图示意图

图 10－12　BIM 模型三维效果示意图

10.5　汽车坡道

模型中地下室坡道采用汽车坡道命令，通过对现浇板的调整实现坡道的布置，如图 10－13、图 10－14 所示。

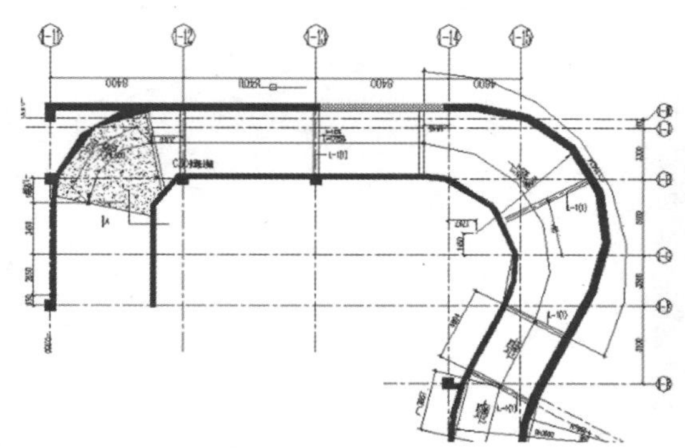
图 10－13　汽车坡道示意图

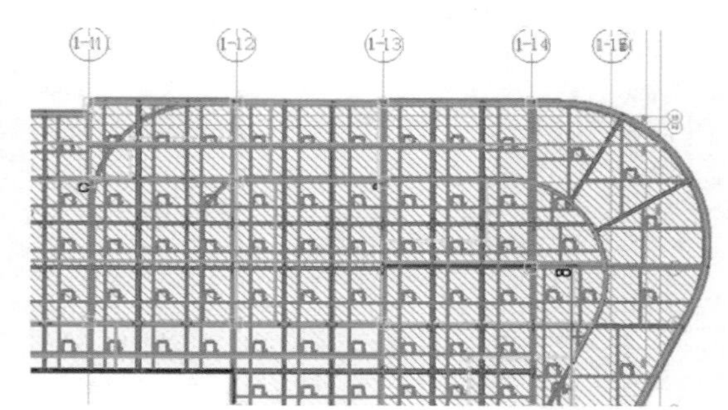
图 10－14　汽车坡道配筋图

10.6　构件法中的楼梯布置

1）楼梯的绘制可以在构件法中选择楼梯梯段进行设置。根据楼梯的立面图及楼梯的平面图得知楼梯构件的相关尺寸信息，在钢筋 BIM 建模软件构件法中进行设置，如图10－15所示。

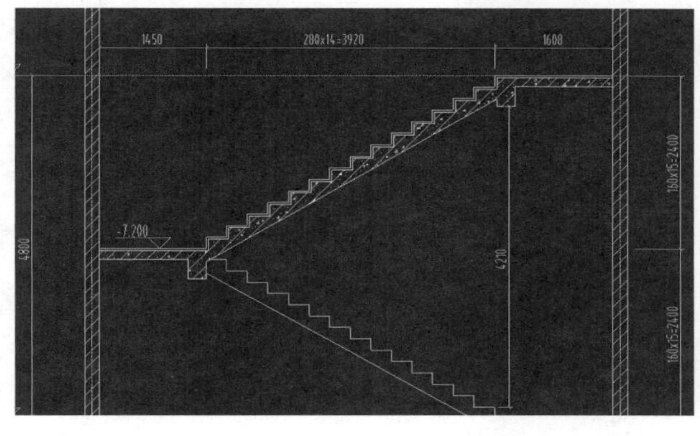

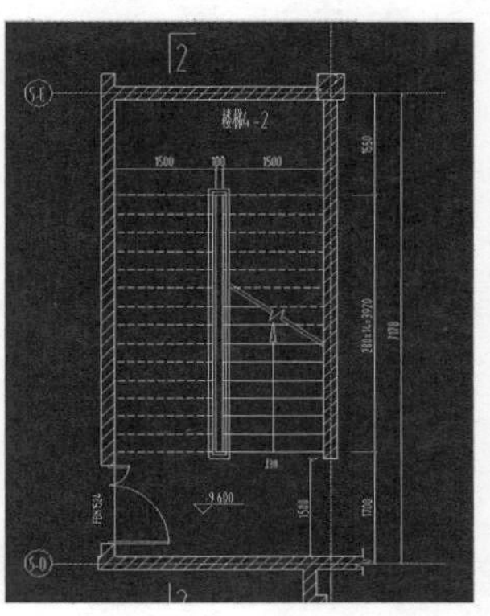

图 10－15　楼梯图

2）在钢筋 BIM 建模软件中点击图形构件法切换，进入构件法，楼梯构件放在新建构件夹中，单击鼠标左健选择工程名称，单击鼠标右健选择新增文件夹，右击“新构件夹”重命名为“楼梯”，楼梯文件夹设置好后，点击“构件向导选择”进行楼梯构件的选择，如图 10－16 所示。

3）根据图纸中的楼梯信息进行楼梯的设置，如图 10－17 所示。

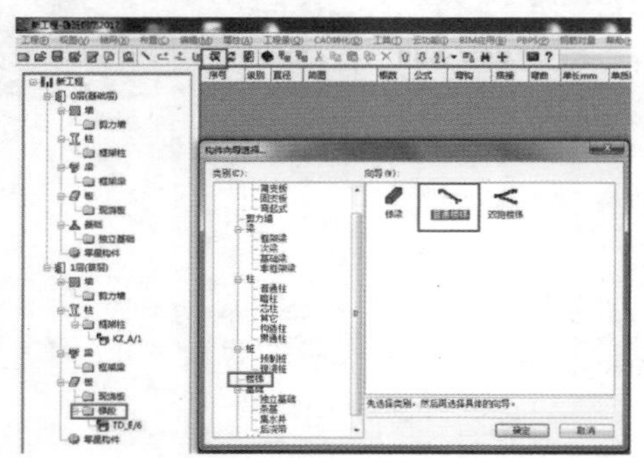

图 10－16　构件向导选择楼梯

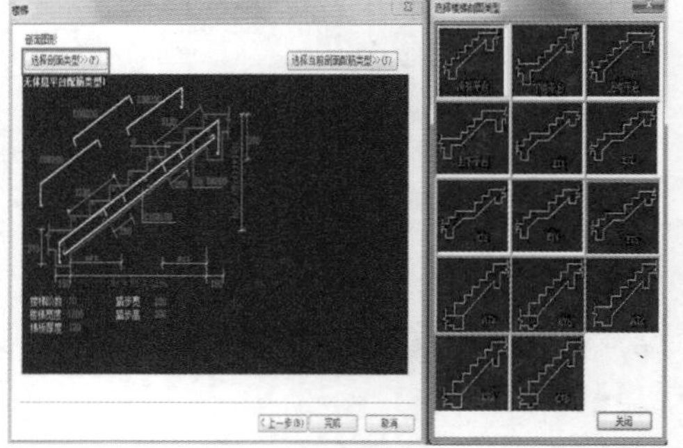

图 10－17　选择剖面配筋类型

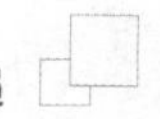

第 11 章 土建、钢筋、安装三专业汇总并输出对应工程量

11.1 土建对应工程量

1#、2#地下工程量汇总表

工程名称：某商业文化广场 1#、2#地下工程—土建

序号	项目编码	项目名称	项目特征	计量单位	工程量	备注
A.1 土（石）方工程						
1	010101003001	反铲液压挖掘机挖土 埋深 7m 以内	土壤类别：三类土（带混凝土桩基） 挖土深度：≤7m	m^3	68005.11	
A.3 砌筑工程						
2	010304001001	砌块墙 加气混凝土 100 厚	配合比：商品砌筑干粉砂浆 M10	m^3	37.55	
3	010304001002	砌块墙 加气混凝土 200 厚	配合比：商品砌筑干粉砂浆 M10	m^3	537.72	
4	010304001003	砌块墙 加气混凝土 250 厚	配合比：商品砌筑干粉砂浆 M10	m^3	737.39	
A.4 混凝土及钢筋混凝土工程						
5	010401003001	满堂基础 C40P6	混凝土强度等级：C40 P6	m^3	5431.57	
6	010401006001	垫层	混凝土拌合料要求：泵送商品混凝土 5－25 石子	m^3	1017.68	
A.6 金属结构工程						
7	010606012003	地沟盖板	钢材品种、规格：混合组成	m^2	78.05	

（续）

序号	项目编码	项目名称	项目特征	计量单位	工程量	备注
A.7 屋面及防水工程						
8	010702001001	地下室顶板卷材防水	1.5 厚 APF－405 防水卷材	m^2	3144.01	
9	010702001002	地下室顶板卷材防水	4 厚 CKS 耐根穿刺防水卷材	m^2	3144.01	
10	010702001003	地下室顶板卷材防水	50 厚泡沫玻璃板保温	m^2	3028.65	
A.8 防腐、隔热、保温工程						
11	010803003001	50 厚泡沫玻璃板保温	规格：40 厚泡沫玻璃板	m^2	3525.11	
B.1 楼地面工程						
12	020101001001	玻化砖地面	50（100）厚 C20 细石混凝土	m^2	2793.68	
13	020101001002	防滑地砖地面 1	1.5 厚 JS 复合防水涂料，四周沿墙上翻 300	m^2	1840.66	
14	020101001003	防滑地砖地面 2	20 厚 1:3 干硬性水泥砂浆结合层	m^2	1528.08	
B.2 墙、柱面工程						
15	020201001001	砌块墙面（砖）	12 厚 1:3:9 砂浆打底分层赶平	m^2	7941.99	
B.3 天棚工程						
16	020301001001	乳胶漆平顶 1	3 厚 1:0.2:2.5 水泥石灰膏砂浆找平	m^2	531.75	

11.2 钢筋对应工程量

工程名称：某商业文化广场 1#、2#地下工程—钢筋

楼层名称	总重/t	Ⅰ级钢		Ⅲ级钢											
		6	8	6	8	10	12	14	16	18	20	22	25	28	32
0层	808.91	0.00	0.39		0.64	0.97	1.18	0.86	4.65	6.49	70.70	536.04	181.08	2.30	3.62
-2层	521.77	2.09	4.41	1.42	46.72	110.98	35.09	27.58	18.52	53.43	48.70	96.97	61.18	5.13	8.43
-1层	643.79	3.17	6.06	2.87	48.85	88.06	91.04		19.73	64.52	67.84	86.26	96.79	22.67	10.39
合计	1974.47	5.26	10.86	4.29	96.21	200.01	127.31	61.68	42.90	124.44	187.24	719.27	339.05	30.10	22.44

工程名称：某商业文化广场 1#、2#地上工程—钢筋

楼层名称	总重/t	Ⅰ级钢		Ⅲ级钢										
		6	8	8	10	12	14	16	18	20	22	25	28	32
1层	118.60	2.11	3.08	19.54	27.86	11.64	6.28	0.90	0.57	15.33	13.55	13.76	2.78	0.75
2层	103.45	1.73	2.75	17.64	23.45	7.48	5.88	1.11	1.38	17.35	8.70	15.61		
3层	102.18	1.67	2.79	25.53	17.48	7.54	5.33	1.10	0.79	15.23	8.92	15.30	0.13	
4层	87.71	1.37	2.98	28.04	2.42	6.37	1.41	0.81	0.26	2.29	11.05	20.59	7.47	2.35
5层	5.72	0.10	0.04	1.09	1.44	0.06	0.01	0.11	0.02	1.26	1.58			
合计	417.66	7.06	11.64	91.84	72.65	33.09	18.91	4.03	3.02	51.46	43.80	65.26	10.38	3.10

11.3 安装对应工程量

工程名称：2#楼消防			
序号	项目名称	单位	工程量
1	镀锌钢管 - *DN*80	m	514.66
2	镀锌钢管 - *DN*80（跨层）	m	37.80
3	镀锌钢管 - *DN*70	m	258.39
4	镀锌钢管 - *DN*70（跨层）	m	5.90
5	镀锌钢管 - *DN*65	m	163.88
工程名称：2#楼暖通通风			
序号	项目名称	单位	工程量
1	除尘排烟管 - 2600 × 500	m^2	1.18
2	除尘排烟管 - 2000 × 630	m^2	293.09
3	除尘排烟管 - 2000 × 400	m^2	33.12
4	除尘排烟管 - 2000 × 400（跨层）	m^2	21.60
5	除尘排烟管 - 1800 × 630	m^2	24.80
工程名称：2#楼给水排水			
序号	项目名称	单位	工程量
1	薄壁不锈钢管 - *DN*80	m	7.47
2	薄壁不锈钢管 - *DN*80（跨层）	m	14.60
3	薄壁不锈钢管 - *DN*50	m	1.92
4	薄壁不锈钢管 - *DN*50（跨层）	m	11.80
5	不锈钢管 - *DN*150	m	134.31
工程名称：2#楼弱电			
序号	项目名称	单位	工程量
1	SYV - 75 - 5	m	881.84
2	SYV - 75 - 5（桥架内）	m	2965.25
3	WDZB - RYJS - 2.5	m	2645.51
4	WDZB - RYJS - 2.5（桥架内）	m	8895.76
5	WDZBN - RVJS - 0.75	m	2922.28
工程名称：2#楼电气（照明）			
序号	项目名称	单位	工程量
1	WDZB - BYJ - 2.5	m	9399.27
2	WDZB - BYJ - 2.5（跨层）	m	591.60
3	WDZB - BYJ - 2.5（桥架内）	m	26666.70
4	WDZBN - BYJ - 2.5	m	20654.80

第 12 章　鲁班造价软件介绍

鲁班造价软件是鲁班软件独立自主研发的工程量计价软件，可采用多种方式快速生成预算书，根据工程量清单编制的计算顺序建立工程预算书，套取各地的清单和定额，通过组价、取费等情况，最终汇总造价，用于工程项目的全过程管理，并充分考虑了工程造价模式的特点及未来造价的发展方向。鲁班工程量计价软件具有以下三大功能。

1. 框图定位

软件可通过手工录入、导入算量等方式帮助预算员快速编制工程量清单预算书。鲁班造价软件能够分析鲁班算量导入的二维图形、三维模型、计算结果等工程数据和人材机，准确定位工程量在二维、三维图形中的具体位置，也可根据构件反查定位构件的具体计算式。框图出价可在三维图形或二维图形中按构件种类、个数、楼层等信息拆分生成相应的预算书，使技术人员把整个工程数据分析得更直观，方便技术人员快速、准确地审核月度产值，以便控制进度款、限额领料。

2. 报表统计智能化

软件可灵活地输出各种形式的造价报表，满足不同的需求；可以根据各地不同的清单、定额的报表格式，自动汇总数据之间的联系，分析统计各类工程量造价，满足从工程招投标、施工到决算的全过程造价统计分析。

3. 检查纠错功能

软件中设置的合法化检查功能，可检查用户编制预算书过程中清单编码、清单名称、项目特征等情况，并提供详细的错误表单，提供参考依据和规范、错误位置信息，并提供批量修改方法，最大程度保证了模型的准确性，避免造成不必要的损失和风险。

12.1　工程造价文件编制流程

鲁班造价软件的操作可按照以下流程进行：完成安装造价软件后，仔细分析工程的定额库、综合单价、工程模板等关键信息，输入相关参数，选择计价方式，按照算出的工程量进行预算书的编制，完成工程量预算书，汇总造价，最后输出工程所需要的报表。其操作流程如图 12－1 所示。

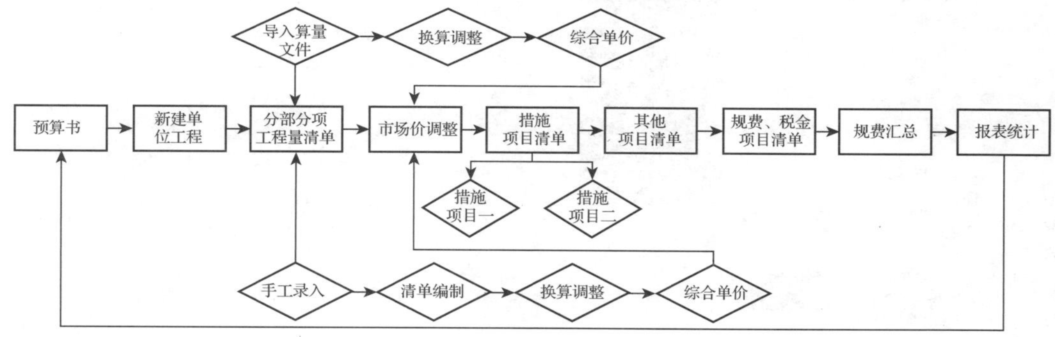

图 12－1　鲁班造价清单操作流程图

12.1.1 预算书创建

预算书的创建首先要新建单位工程，内容包括：①名称输入；②计价方式，如清单计价和定额计价；③定额库，如地区、专业定额库；④综合单价工程模板选择，如建筑装饰、安装、市政、园林；⑤可根据鲁班算量软件输出的 tozj 文件导入，再匹配定额库；⑥填写工程概况信息，如工程地点、结构类型、建筑规模等。

12.1.2 编制工程量清单

预算书编制是软件的核心阶段，该阶段既要完成对工程量的录入和换算，也要按照工程的具体情况选择取费的模板。这个过程耗用的时间长，需要通盘考虑整个工程的编制流程。鲁班软件有两种方式：手工录入和外部文件导入。创建预算书手工录入一般适用于只有蓝图，没有电子图和用非鲁班的算量软件无法与造价软件对接的时候，可通过手工输入工程量编制成预算书；导入鲁班算量输出的 tozj 文件适用于使用鲁班算量软件的用户，将鲁班算量软件建好的二维图形、三维模型、计算结果输出，直接导入鲁班造价软件中，导入的文件会自动识别工程量的数据图形，再按照预算书编制流程操作，从而节省了清单定额及工程量录入的时间。

12.1.3 汇总计算和报表输出

汇总计算是根据已完成的工程预算书的内容汇总造价。电子表格能按照分部分项、措施项目、其他项目、规费税金、人材机表等形式汇总，并提供造价的明细，方便检查对账。

12.2 建立项目结构

12.2.1 费率构造

(1) 界面概括、新建预算书

鲁班造价软件的界面分为两个：一个是项目管理界面，此界面可进行多工程的管理；另一个是预算书界面即分部分项界面。鲁班 BIM 算量软件输出造价 tozj 文件，点击菜单栏选择“工程”→“导出导入”→“输出造价”命令，输出“×××. tozj”文件，如图 12-2 所示。算量文件导入：在新建工程对话框中点击“算量文件”按钮→“增加”命令→选择“×××. tozj”→打开，如图 12-3 所示。

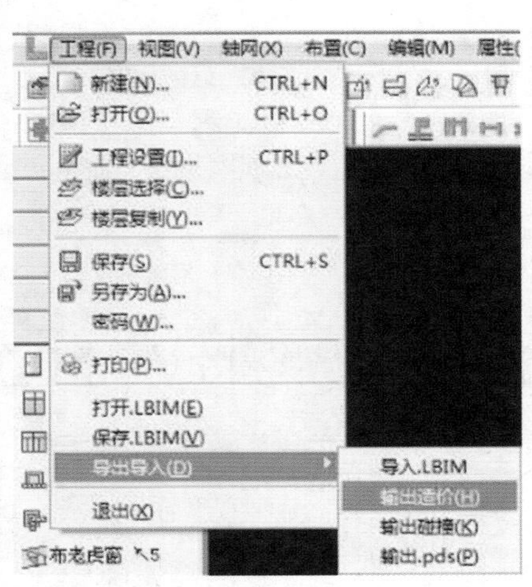

图 12-2 输出造价—土建

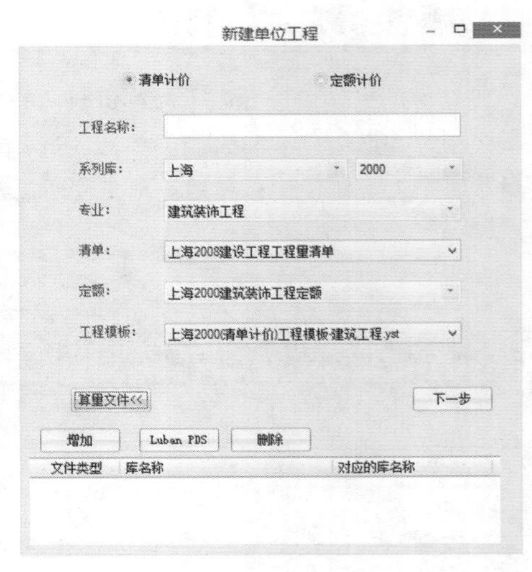

图 12-3 导入 tozj 文件

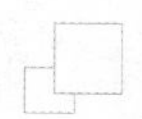

(2) 编制工程量清单预算书

工程量清单的录入方式有三种：直接输入、双击库中清单、补充清单。

项目特征及内容：如果工程中需要调整项目特征及工作内容，可直接对“项目特征的设置”和“特征内容输出规则”进行调整。

(3) 人材机表调整

组价完成后，切换到“人材机表”界面，根据实际情况进行录入。

1）市场价调整：①直接录入市场价；②调整市场价。

2）主材设置：在“材料”选项卡中，可对当前所选中的条目进行主材设置或在“主要材料”方框中进行勾选，如图 12－4 所示。

全部　人工　材料　机械　机械用料　二次分析

序号	编号	名称	类型	单位	数量	预算价	市场价	市场价浮...	主要材料	价格:
1	X0045	其他材料费	C	%C	875.023		0.054		☐	市场价:
2	X0045	其他材料费	C	%C	875.023		0.054		☐	市场价:
3	L0014	氯化聚乙烯-橡胶共混...	C	m2	1660...		26.130		☑	市场价:
4	X0045	其他材料费	C	%C	1.188		8.880		☐	市场价:
5	J0005	防锈漆	C	kg	34.445		6.837		☐	市场价:
6	Z0006	水	C	m3	2104...		2.000		☐	市场价:
7	E0048	炉碴	C	m3	37.034		220.000		☑	市场价:
8	X0045	其他材料费	C	%C	2948...		0.185		☐	市场价:
9	J0111	无机建筑涂料	C	kg	2019...		18.517		☑	市场价:
10	M0063	氩气	C	m3	13.670		9.050		☐	市场价:
11	I0006	不锈钢焊条	C	kg	4.863		27.140		☐	市场价:
12	X0045	其他材料费	C	%C	2.481		0.500		☐	市场价:

图 12－4　主材设置

(4) 措施项目清单

措施项目计算可分为按“计算基础”乘“费率”和按“综合单价”乘“工程量”两种方式计价，把措施项目分为“措施项目一”和“措施项目二”两部分。

1）措施项目一。措施项目一是以工程直接费乘以费率计算的计价方式，在工程中按照模板计算，如图 12－5 所示。

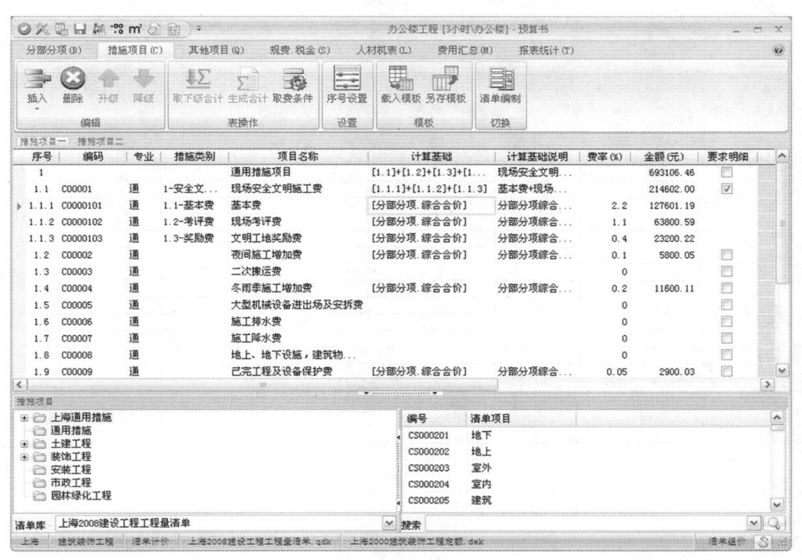

图 12－5　措施项目一

2）措施项目二。措施项目二是以综合单价乘工程量计算。在实体清单进行组价时，将属于措施清单的相关子目（如脚手架、模板等）一起套在实体清单子目中。措施项目二可将分部分项窗口属于措施的清单子目智能或手动提取到措施项目二中。

（5）规费税金

规费税金的操作步骤和措施项目一的操作方法相同，都是以“计算基础”乘以费率计算的，可直接导入相应的模板计算，如图 12－6 所示。

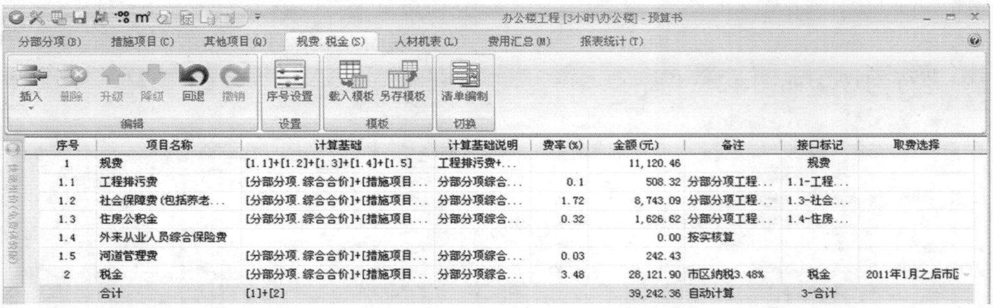
办公楼工程 [3小时\办公楼] - 预算书
分部分项 (B)
措施项目 (C)
其他项目 (Q)
规费.税金 (S)
人材机表 (L)
费用汇总 (M)
报表统计 (T)
插入
删除
升级
降级
回退
撤销
编辑
序号设置
设置
载入模板
另存模板
模板
清单编制
切换
序号 | 项目名称 | 计算基础 | 计算基础说明 | 费率 (%) | 金额(元) | 备注 | 接口标记 | 取费选择
1 | 规费 | [1.1]+[1.2]+[1.3]+[1.4]+[1.5] | 工程排污费+... | | 11,120.46 | | 规费 |
1.1 | 工程排污费 | [分部分项.综合合价]+[措施项目... | 分部分项综合... | 0.1 | 508.32 | 分部分项工程... | 1.1-工程... |
1.2 | 社会保障费(包括养老... | [分部分项.综合合价]+[措施项目... | 分部分项综合... | 1.72 | 8,743.09 | 分部分项工程... | 1.3-社会... |
1.3 | 住房公积金 | [分部分项.综合合价]+[措施项目... | 分部分项综合... | 0.32 | 1,626.62 | 分部分项工程... | 1.4-住房... |
1.4 | 外来从业人员综合保险费 | | | | 0.00 | 按实核算 | |
1.5 | 河道管理费 | [分部分项.综合合价]+[措施项目... | 分部分项综合... | 0.03 | 242.43 | | |
2 | 税金 | [分部分项.综合合价]+[措施项目... | 分部分项综合... | 3.48 | 28,121.90 | 市区纳税3.48% | 税金 | 2011年1月之后市[
| 合计 | [1]+[2] | | | 39,242.36 | 自动计算 | 3-合计 |

图 12－6　规费税金

（6）费用汇总

费用汇总和措施项目一的操作方法相同，如图 12－7 所示。

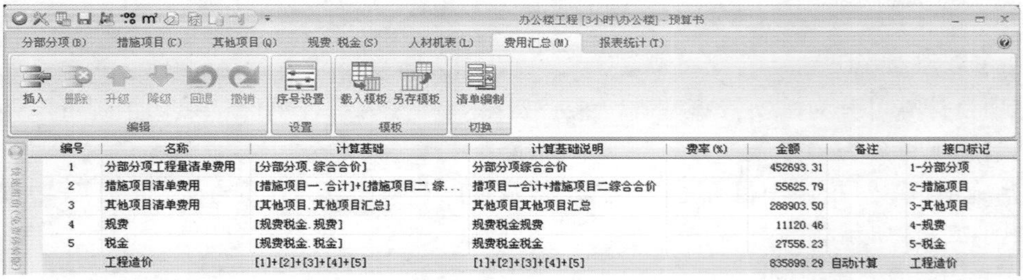
办公楼工程 [3小时\办公楼] - 预算书
分部分项 (B)
措施项目 (C)
其他项目 (Q)
规费.税金 (S)
人材机表 (L)
费用汇总 (M)
报表统计 (T)
插入
删除
升级
降级
回退
撤销
编辑
序号设置
设置
载入模板
另存模板
模板
清单编制
切换
编号 | 名称 | 计算基础 | 计算基础说明 | 费率 (%) | 金额 | 备注 | 接口标记
1 | 分部分项工程量清单费用 | [分部分项.综合合价] | 分部分项综合合价 | | 452693.31 | | 1-分部分项
2 | 措施项目清单费用 | [措施项目一.合计]+[措施项目二.综... | 措项目一合计+措施项目二综合合价 | | 55625.79 | | 2-措施项目
3 | 其他项目清单费用 | [其他项目.其他项目汇总] | 其他项目其他项目汇总 | | 288903.50 | | 3-其他项目
4 | 规费 | [规费税金.规费] | 规费税金规费 | | 11120.46 | | 4-规费
5 | 税金 | [规费税金.税金] | 规费税金税金 | | 27556.23 | | 5-税金
| 工程造价 | [1]+[2]+[3]+[4]+[5] | [1]+[2]+[3]+[4]+[5] | | 835899.29 | 自动计算 | 工程造价

图 12－7　费用汇总

12.2.2　算量产品与鲁班造价对接

鲁班软件可根据工程的情况用最简单的方法编制工程量清单预算书。本节主要以版本格式为例，导入算量输出的造价文件“×××.tozj”，此文件可在新建单位工程导入或在预算书界面导入。

“×××.tozj”文件导入造价软件后，除对工程进行工程量清单预算书的编制外，还可核对造价软件中的数据与算量软件的数据，反查算量的计算式（可对计算式进行编辑），利用计算式反查图形和利用图形反查计算式，可以根据三维图形分楼层、区域、构件类型、时间节点等进行“框图出价”，根据不同的施工进度得到该时间段的预算书。

算量文件导入的数据格式如图 12－8 所示，除工程量直接读取外，其他内容操作与手工录入预算书相同。

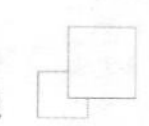

图 12-8　tozj 导入造价形成预算书

(1) 算量定位

工程导入"tozj"文件生成预算书后，可以反查预算书中清单、定额的工程量是否与算量软件中计算的工程量一致，以方便核查工程量数据。具体操作如下：

在"分部分项"选项卡中点击"算量定位"按钮，命令高亮显示后，点击定额子目，如010402001005，软件会直接反查到工程量停靠条 010402001005 的变量中，经核查工程量为 2645.097，预算书中的工程量与"tozj"文件中的数据相同。反查完毕后关闭此命令。

注意：

①在工程量停靠条中，工程量为锁定状态，若要编辑，先用鼠标右键选择"计算式解锁"或在"锁定栏"列下把对勾去掉，计算式编辑好后可以右击锁定，如图 12-9 所示。

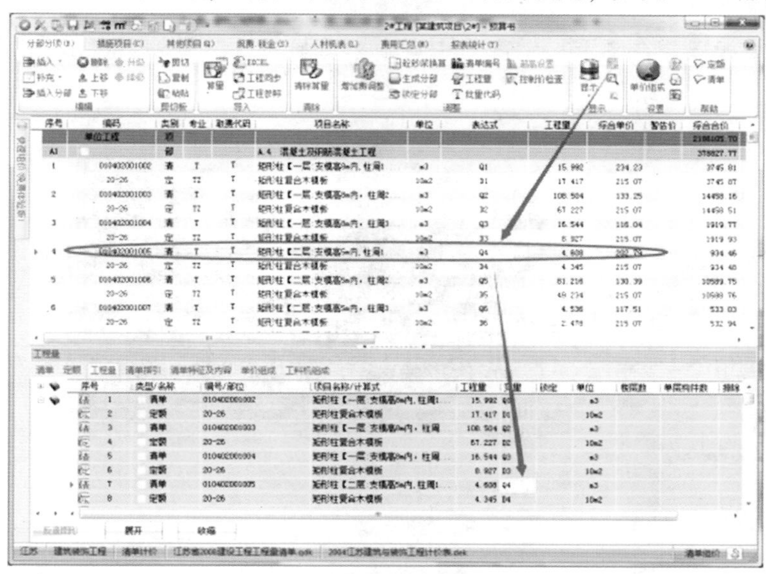

图 12-9　算量定位

②在工程量停靠条中，可以将编辑好的计算式在解锁的状态下还原计算式。

③在工程量停靠条中，可以将计算式排除或取消排除。

（2）图形反查

从鲁班算量软件导入的文件，在预算书中可以将单个子目相应的工程量反查至图形中，也可以从图形反查至计算式，使计算式和图形有效结合。

1）公式查询。公式查询是通过工程量中构件具体计算公式反查二维图形中构件的位置，使工程量和图形相结合。

第一步：选择构件计算书。切换到“工程量”选项卡，选择查看的定额子目行，根据清单/定额-构建类别-部位-具体计算式的节点，展开到工程量的末章节，点击“图形反查”命令，在图形显示的窗口弹出 Kzb－1 的反查结果，如图 12－10 所示。

第二步：反查图形。在反查结果对话框中可以看到反查的 Kzb－1，点击“下一个”按钮可以看到 Kzb－1 的具体位置，黄色的部分是被反查到的图形，如图 12－11 所示。

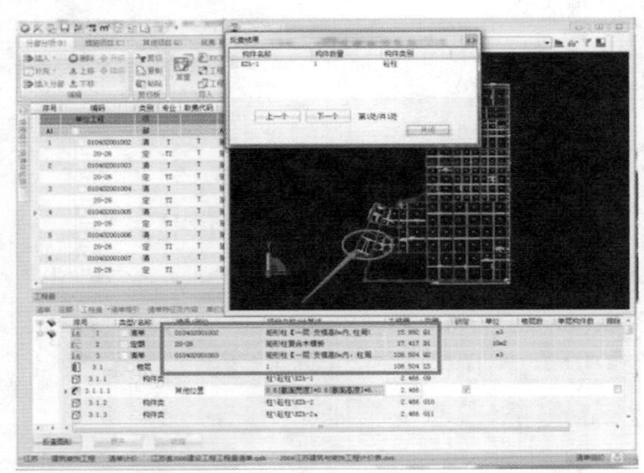

图 12－10　工程量反查图形

图 12－11　工程量反查结果

2）图形反查。

第一步：区域校验。在图形显示窗口中点击“区域校验”按钮，点击 Lby210（3）构件，在弹出的对话框中可以看到 KL4 的反查结果，如图 12－12 所示。

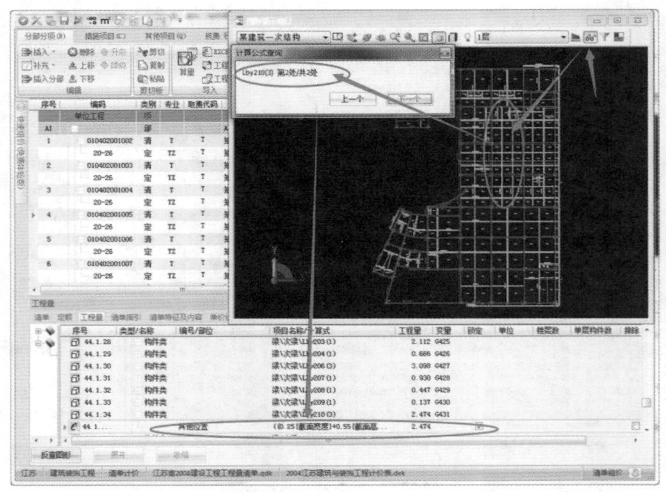

图 12－12　构件反查图形

第二步：计算式反查。点击“下一个”按钮可以查看 Lby210（3）的计算方式和构件数据。

（3）框图出价

框选图形的方法可按照楼层划分、构件划分和区域划分，框选有条件统计和区域框选（三维或二维图形）两种方式。

1）按楼层构件框图。

第一步：点击图形显示。在分部分项命令栏中选择“图形显示”→“三维图形”→“显示控制”，在弹出的对话框中将原始图形展开，点击每层前的“+”，如图 12－13 所示。

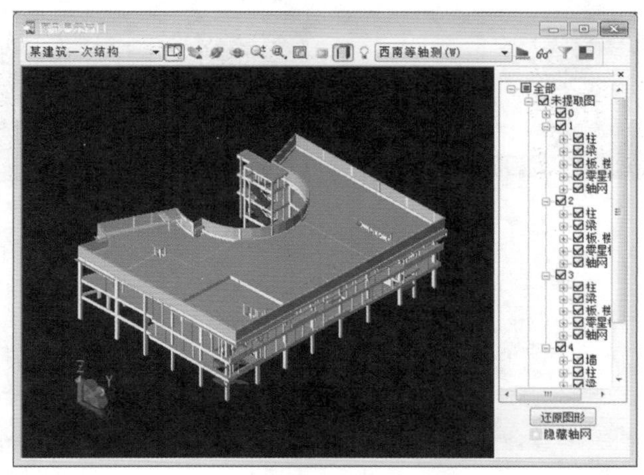

图 12－13　构件显示

第二步：按照构件显示。点击构件显示中的“全部”节点，把前面的对勾去掉（原理同土建中的构件显示），然后勾选所需的相应构件，这样要计算的构件便出现在图形中。

第三步：工程量统计。点击“工程量统计”按钮，在弹出的“工程量统计”对话框中点击“选择图形”后在图中框选构件，如图 12－14、图 12－15 所示。

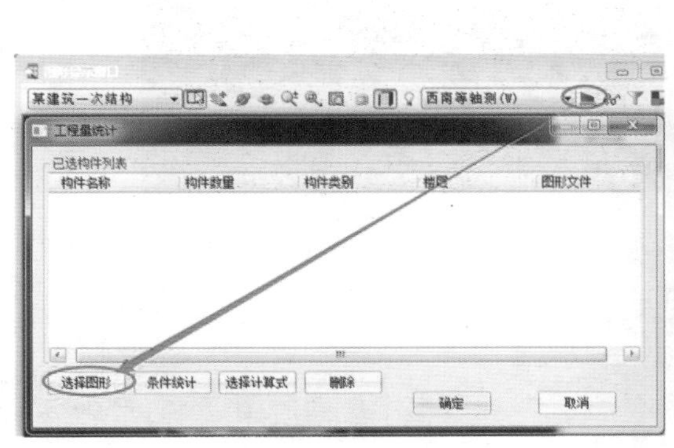

图 12－14　工程量统计

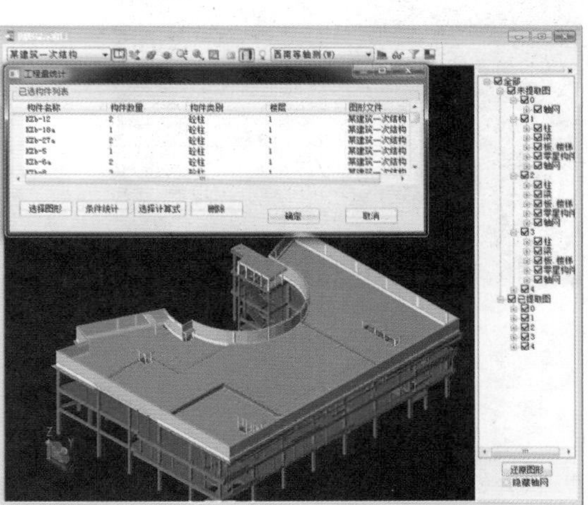

图 12－15　框选图形

注意：按照构件或区域框选后的模型颜色会变成红色。

2）条件统计。针对框选后的图形，点击“条件统计”按钮对构件进行选择，完成后点击“确定”按钮，即可生成此部分的预算书，如图 12－16、图 12－17 所示。

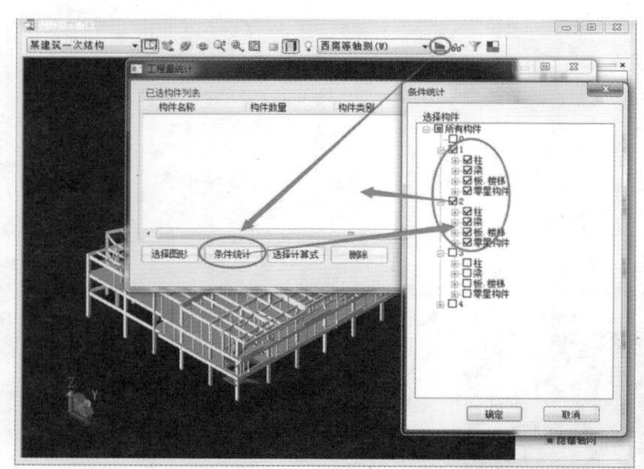

图 12－16　条件筛选界面

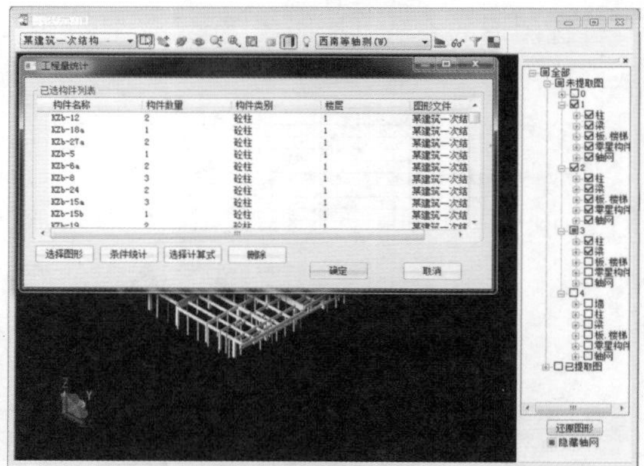

图 12－17　构件选择界面

注意：利用“Shift”键可以对选中的构件进行批量删除。

3）区域选择。框图出价可框选不同的施工区域生成预算书。

第一步：点击图形显示。点击“图形显示”快捷图标，进入图形显示窗口，显示工程的平面图，如图 12－18 所示。

第二步：工程量统计。点击“工程量统计”弹出对话框，单击“选择图形”按钮后根据不同的区域框选构件，如图 12－19 所示。

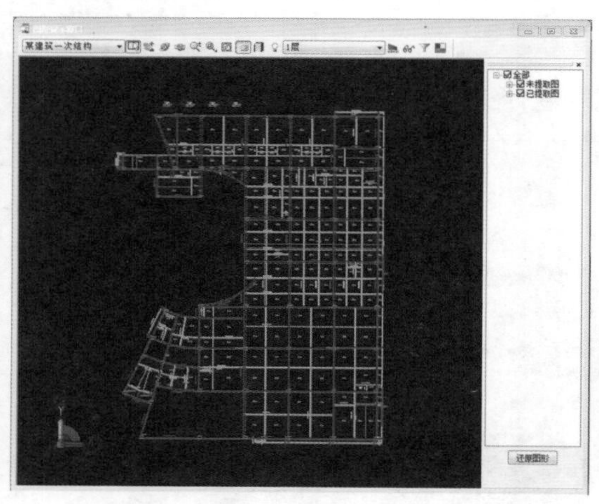

图 12－18　平面图形显示

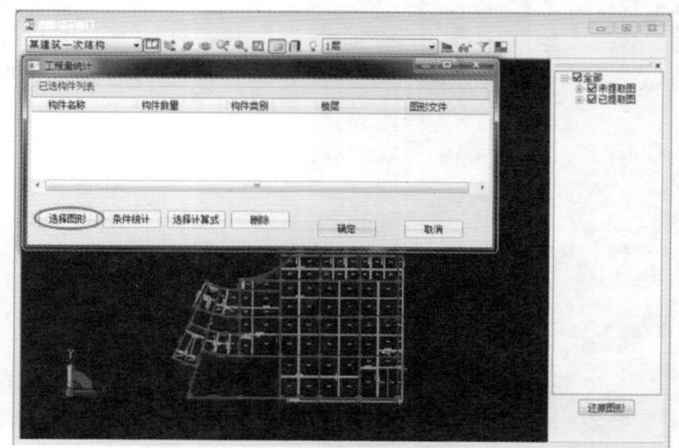

图 12－19　工程量统计

第三步：构件选择。利用鼠标左键框选图形后，被选中的构件变为黄色，并弹出提示框，点击“完成选择”按钮完成构件选择，如图 12－20 所示。

第四步：创建预算书。所选构件进入“已选构件列表”列表框中，同时图形中变为空，点击“确定”按钮即可创建预算书，如图 12－21 所示。

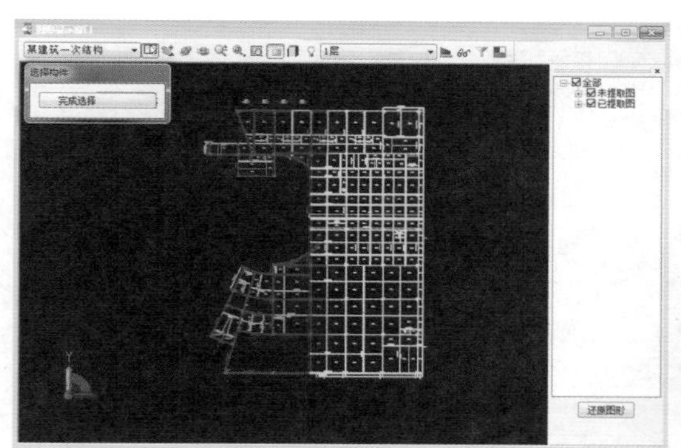

图 12－20 框选图形

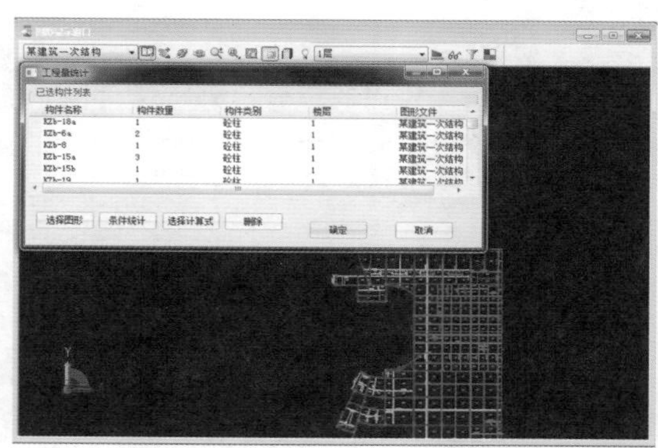

图 12－21 框选后的构件显示内容

另外，除了可以在平面图中选择区域外，还可以在三维图形中选择，点击“三维显示”按钮，针对某一个区域进行框选，如图 12－22 所示。

4）选择公式。选择公式用于在算量中无法用图形法画出的项目，即在土建“表格算量”命令栏中编辑的子目，可以运用“选择公式”的方式解决。具体操作：点击工程量统计对话框中的“选择计算式”按钮，如图 12－23 所示。在弹出的对话框中点击展开相应的清单，选择构件后点击“确定”按钮，完成计算公式的选择。

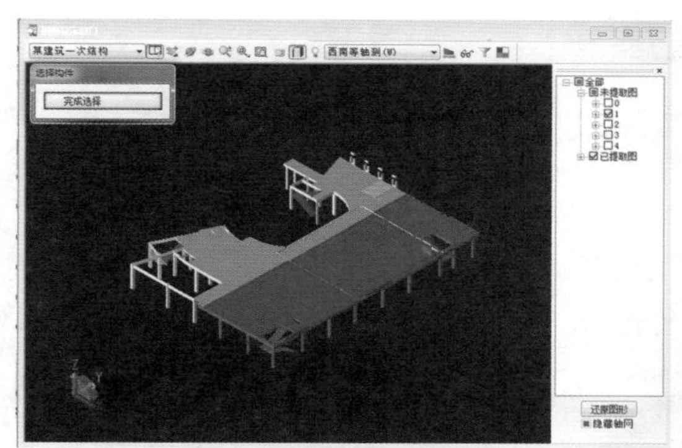

图 12－22 区域框选

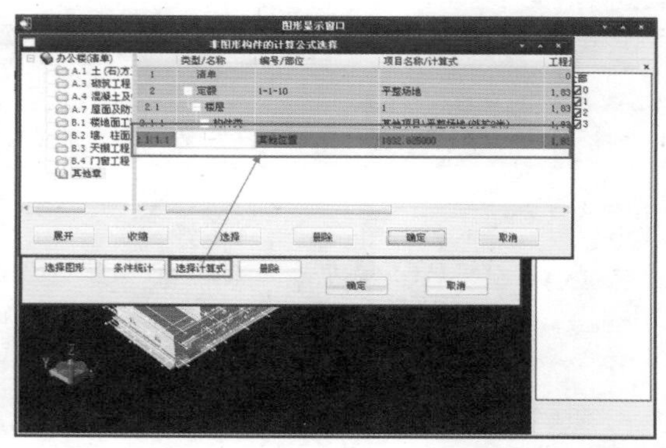

图 12－23 非图形构件的计算公式选择

（4）清除算量

把已经导入的算量文件进行清除，此命令只针对从鲁班算量软件导入的工程，如图12－24 所示。

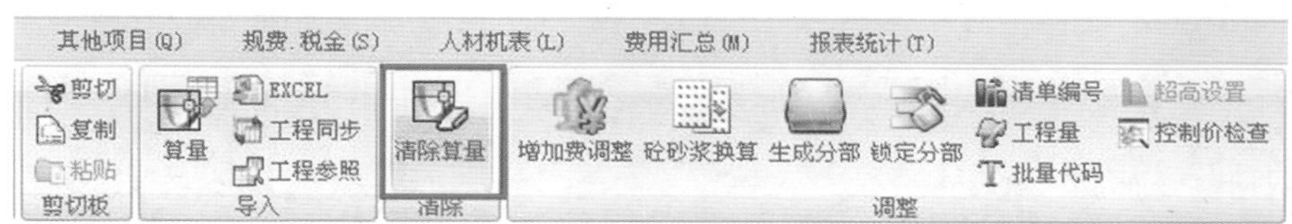

图 12－24 清除算量

12.2.3 导出报表

软件中的报表可以通过导出外部文件的形式，将报表保存为 Excel、PDF 或 Word 格式，导出方式包括单个导出和批量导出，如图 12－25 所示。

图 12－25 报表导出

12.2.4 工程报表

工程量清单封面如图 12－26 所示，分部分项工程量清单与计价表见表 12－1。

×××项目 工程

工 程 量 清 单

招 标 人： 王××
（单位盖章）

工程造价
咨 询 人： 张××
（单位资质专用章）

法定代表人
或授权人： 杨××
（签字或盖章）

法定代表人
或授权人： 邱××
（签字或盖章）

编 制 人： 尹××
（造价人员签字盖专用章）

复 核 人： 刘××
（造价工程师签字盖专用章）

编制时间：2016 年××月××日

复合时间：2016 年××月××日

图 12－26 工程量清单封面

表 12－1 分部分项工程量清单与计价表

工程名称：某商业文化项目 2 楼

序号	项目编号	项目名称	项目特征描述	工程内容	计量单位	工程量	金额/元			
							综合单价	合价	其中	
									人工费	材料暂估价
1	10304001001	钢丝网片	钢丝网片	①材料运输 ②抹灰、防潮层 ③砌砖 ④调运砂浆 ⑤底板混凝土浇捣 ⑥铺设垫层 ⑦土方挖、填、运 ⑧清理、清洗、打蜡	m^2	2953. 64	17. 71	52308. 96	15181. 71	
		面层 单面钢丝网板墙			m^2	2953. 64	17. 71	52308. 99	15181. 72	
2	10304001002	砌块内墙加气混凝土 100 厚	墙体类型：填充墙 墙体厚度：100 空心砖、砌块品种、规格、强度等级：加气混凝土砌块 砂浆强度等级、配合比：商品砌筑干粉砂浆，M10	①材料运输 ②抹灰、防潮层 ③砌砖 ④调运砂浆 ⑤底板混凝土浇捣 ⑥铺设垫层 ⑦土方挖、填、运 ⑧清理、清洗、打蜡	m^3	42. 15	28. 28	1192. 00	191. 36	
		加气混凝土块 100 厚			m^3	42. 14	28. 28	1191. 91	191. 35	
本页小计								53500. 96	15373. 07	

（续）

序号	项目编号	项目名称	项目特征描述	工程内容	计量单位	工程量	金额/元			
							综合单价	合价	其中	
									人工费	材料暂估价
3	10304001003	砌块内墙加气混凝土200厚	墙体类型：填充墙 墙体厚度：200 空心砖、砌块品种、规格、强度等级：加气混凝土砌块 砂浆强度等级、配合比：商品砌筑干粉砂浆，M10	①材料运输 ②抹灰、防潮层 ③砌砖 ④调运砂浆 ⑤底板混凝土浇捣 ⑥铺设垫层 ⑦土方挖、填、运 ⑧清理、清洗、打蜡	m^3	370.34	320.73	118779.15	31167.80	
		砌块墙加气混凝土			m^3	370.34	320.73	118780.68	31168.2	
4	10304001004	砌块内墙加气混凝土300厚	墙体类型：填充墙 墙体厚度：300 空心砖、砌块品种、规格、强度等级：加气混凝土砌块 砂浆强度等级、配合比：商品砌筑干粉砂浆，M10	①材料运输 ②抹灰、防潮层 ③砌砖 ④调运砂浆 ⑤底板混凝土浇捣 ⑥铺设垫层 ⑦土方挖、填、运 ⑧清理、清洗、打蜡	m^3	36.12	320.73	11584.77	3059.36	
		砌块墙加气混凝土			m^3	36.1223	320.73	11585.5	3059.56	
			本页小计					110363.92	34427.16	

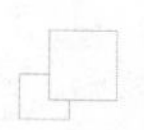

第 13 章* 经济效益分析

13.1　应用点描述

本经济效益分析概述了商业文化广场项目自采用 BIM 技术以来，所产生的主要经济效益、时间效益以及形象效益，为项目的工作开展提供必要的模型及信息支撑，为项目施工顺利开展提供了各方面的保障。

13.2　效益分析情况

本项目在组织图纸会审前期，归纳总结图纸土建设计问题 11 项、钢筋专业图纸问题 24 项、安装专业图纸设计问题 2 项，为项目图纸会审工作节约了大量时间及人力，为项目前期施工准备及后续施工顺利开展提供了极大的帮助。其中，很多问题并不是通过传统的二维平面图纸能够及时查知的，而是需要通过不同的结构图纸、建筑图纸甚至分专业图纸进行合并成为三维模型并进行碰撞才能及时发现，其所产生的时间效益、经济效益、形象效益非常明显。

在施工过程中，通过 BIM 建模、合并 BIM 模型，共整理出以下较为突出的一些图纸问题：

1）由于主楼及地下室结构图纸单独出图，导致主楼外墙部分暗柱与地下室框架柱产生碰撞，产生设计问题。后经设计院进行重新设计出图（2#楼、地下室墙柱施工图），将地下室与主楼重合部分的框架柱重新设计至主楼施工图内，避免了返工，节省了费用 21 万元。

2）因主楼部分基础筏板外扩距离不能满足地下室框架柱锚固要求，导致地下室框架柱无法锚入在筏板基础，共计 10 处。经处理，避免了返工、节省了费用 5.6 万元。

3）地下室框架柱与部分主楼地下室负二层楼梯间处门洞碰撞，共计 5 处，后经设计院进行处理，避免了返工、节省了费用 1.3 万元。

4）2#住宅楼楼梯间处设有门洞，作为进入地下室的通道口，但与其紧邻的南面地下室外墙未考虑设置门洞，共计 8 处。后经设计院进行设计变更，避免了返工，节省了费用 3.6 万元。

5）地下室建筑图中明确标注有 5 处集水井，但是通过图纸审核发现，实际共有 10 处集水井，其中 3 处集水井结构图与建筑图尺寸标注不对应，另外有 4 处集水井无尺寸标注及具体做法，项目负责人员联系设计院进行了沟通、解决。避免了返工，节省了费用 3.5 万元。

6）排水沟与独立基础相碰撞的地方共计 19 处，后来现场采取排水沟避让独立基础的方式进行了处理；避免了返工、节省了费用 0.5 万元。

13.3　对内成本核对与控制

通过内部核对，共核对出以下项目：

1）地下室排水沟未布置，少计算混凝土 460 余立方米，按 300 元/立方米计算，可避免损失约 14 万元。

2）筏板基础防水未计算立面和顶面，少计算防水卷材约 5000 平方米，按 20 元/平方米计算，提前避免了10余万元的经济损失。

3）建筑面积计算保温层时存在扣减误差，少计算建筑面积约200平方米，通过核对提高了建筑面积的准确度。

4）剪力墙转角钢筋未按照搭接计算，一栋楼少算钢筋约4吨，10栋楼共计40吨，按均价4000元1吨计算，共计可多结算16万元。

5）剪力墙起步距离现场钢筋班组排布有误，每道剪力墙多排布2根钢筋，共计10栋楼，最多可导致多用钢筋56吨，按均价4000元1吨计算，共计可节省22.4万元。

13.4 制订精确的材料计划

运用BIM系统强大的数据共享平台，可使各条线的工作人员方便快捷地提取到工程数据，用于日常的施工材料计划，从现场实施时间效益来讲既提高了现场施工员的工作效率，也提升了工作质量。例如：现场编制混凝土浇筑计划，施工员若手工计算混凝土的浇筑数量，需要数天，而利用BIM系统提取混凝土数量，只要选对构件，仅要几分钟便可将混凝土数量按照实际施工部位提取出来。利用BIM系统可以对多个工程进行分层、分专业、分构件提取相关材料信息，方便物资部门准确采购。

13.5 碰撞检查

运用鲁班BW系统，将安装各专业的模型和结构模型合并到一起，对结构专业和机电专业的模型进行碰撞检查。本项目共检查出碰撞490余处，考虑到一些实际情况，经过筛选后得出有效碰撞检测点68处，有效节省人工约12个工日，节约时间6天，按每人工每工日200元计算，避免了费用损失5.9万元。

预留洞口：通过碰撞检查，共输出预留洞的部位共496个，其中有效避免现场65处预留洞口遗漏，防止了二次开凿的情况，节省人工约16个工日，节约时间约6天，按每人工每工日200元计算，避免了费用损失4.7万元。

现场材料、安装材料：利用BIM系统可精确快速地提取实时材料用量。本工程单体较多，如果按照传统的手工算量来提取材料用量，耗时非常大，而利用BIM模型提取工程量，更快速、精确，可提升3倍以上工作效率。利用BIM系统可快速地提取出各楼层的材料用量，并对施工班组提交的领料单进行核对，大大地精确了材料的用量，避免材料多领浪费以及因少领而二次补料的情况；利用BIM系统也可根据施工班组施工楼号进行材料提量，单体内可分区域、分系统单独提量，对于所需的各部位量还可在系统中灵活分开提取。

13.6 三维模型节省沟通成本

三维可视化交底可直观地找出问题所在。机电安装综合排布，可让施工班组清晰直观地明白避让点所在，根据出具的复杂节点剖面图，避让多专业同位置管道碰撞，避免单专业安装后其余专业管道排布不下需要重新返工的现象。利用管线综合优化排布后的模型，对技术人员以及施工班组进行交底，指导后期管道安装排布；利用剖面图更直观地体现复杂节点处管道的排布，避免多工种、多专业在施工时出现争议，在提升工作效率的同时也提高了工作质量。

13.7 施工进度模拟

通过鲁班MC系统，将计划进度和实际进度实时录入BIM模型，公司总部可以随时通过动

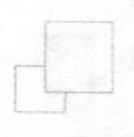

态的 BIM 了解到最新的项目进展情况以及现场施工质量、安全、进度等影像资料，对项目实际进展情况有更直观的了解。

13.8　运维模型

运维阶段，工作人员可根据上传的资料信息对所有构件进行查看，更方便快捷地反查设备型号、厂家、联系人、安装时间、安装位置等信息，方便对设备构件进行部署、变更、监控等维护，可极大地提升物业信息化管理能力。经不完全统计，自引入 BIM 技术以来，在本项目所产生的经济效益保守估计至少达 110 万。由 BIM 工作组在施工前发现及整理的设计问题以及影响成本方面的问题，都已在施工过程中及内部成本问题当中完全避免，并未造成任何实际损失。

鉴此，本项目 BIM 技术小组在驻场期间，除能够量化“看得到”的经济效益的同时，还有“看不见”的效益：竭尽全力为本项目各岗位人员服务，提供相应的技术支持，在力所能及的范围内提供相应的咨询服务；在数据上，提供各专业的数据支持，为项目工管部、工经部、材料科等部门提供相应的数据支持，保证项目材料、成本的数据参考的准确性；其次，BIM 的意义在于项目各岗位人员在施工过程中遇到问题时，在能提供更多解决问题的选择的同时，可通过 BIM 技术提升自身的工作效率，减轻项目管理人员的工作压力，最终促进项目施工更加顺利地开展。

第14章 土建钢筋汇总大宗材料含量指标

序号	工程名称	建筑面积/m^2	钢筋含量指标/(kg/m^2)	混凝土含量指标/(m^3/m^2)	模板含量指标/(m^2/m^2)	砌体含量指标/(m^3/m^2)	钢筋总量/t	混凝土总量/m^3	模板总量/m^2	砌体总量/m^3
1	2#	6213.52	67.22	0.39	2.90	0.16	417.66	2402.94	18047.31	1014.29
2	1#、2#地下室	12533.41	157.54	0.98	2.75	0.06	1974.47	12320.18	34478.82	777.23

14.1 钢筋含量指标

钢筋含量指标又称钢筋单方含量，软件根据“钢筋总重量/建筑面积”可以计算出钢筋单方含量，与常见的结构单方含量范围进行比较，考虑是否合理。此值只是参考，每个工程设计不同，含量有高有低。例如，在计算单方指标时，可以计算含防水钢筋网的钢筋指标，也可以计算不含防水钢筋网的单方指标，这取决于双方的计算范围约定。

14.2 混凝土含量指标

混凝土含量指标一般是指工程中所有的混凝土（工程中所有混凝土构件及地面垫层、找平层等）的数量除以建筑面积。

普通住宅建筑钢筋和混凝土用量指标范围见表14－1，可作为参考指标。

表14－1 普通住宅建筑钢筋和混凝土用量指标范围

建筑类型	钢筋	混凝土
多层砌体住宅	30kg/m^2	0.3～0.33m^3/m^2
多层框架	38～42kg/m^2	0.33～0.35m^3/m^2
小高层（11～12层）	50～52kg/m^2	0.35m^3/m^2
高层（17～18层）	54～60kg/m^2	0.36m^3/m^2
高层（30层，H=94m）	65～75kg/m^2	0.42～0.47m^3/m^2
高层酒店式公寓（28层，H=90m）	65～70kg/m^2	0.38～0.42m^3/m^2
别墅	30～52kg/m^2	0.33～0.35m^3/m^2

注：以上数据按抗震7度区规则结构设计。

14.3 模板含量指标

模板含量指标是指每立方混凝土所用模板的面积，也可以是一平方米建筑需要多少模板面积或其他类似的指标。

第 15 章　模型维护

施工阶段展示

15.1　概述

BIM 模型的维护主要分为前期、中期和后期三个阶段，每个阶段的模型维护都关联着 BIM 模型的运维，且三个阶段的 BIM 模型维护环环相扣，因此要做好每个阶段的 BIM 模型维护。BIM 模型维护流程如图 15－1 所示。

前期：建立 BIM 模型，记录图纸问题（找出图纸中标注不全或存在疑问的区域）。

中期：核对实施过程中的图纸变更、施工方案的改动、设计图纸的调整，检查 BIM 模型；找出变更处并调整 BIM 模型。

后期：进行资料挂接，上传设备出场证明、合格证明、厂家信息等相关资料；调整 BIM 模型与现场施工建筑保持一致。

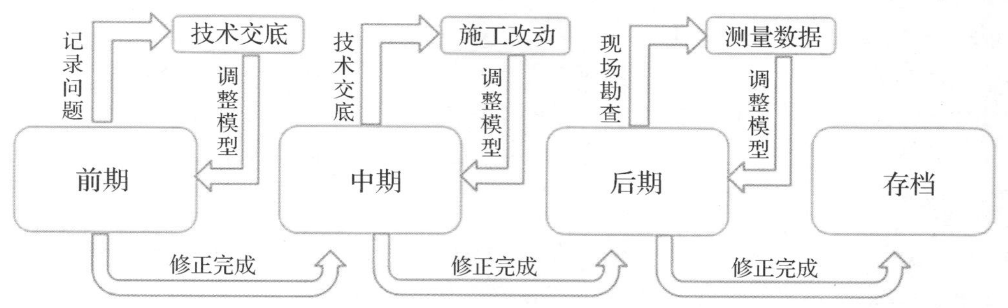

图 15－1　BIM 模型维护流程

15.2　操作流程

15.2.1　前期阶段

前期 BIM 模型维护工作主要在于建模时对图纸问题的记录，包括图纸中标注不全、缺少构件等图纸问题，整理出图纸问题记录报告，在与施工方、设计院、项目经理进行技术交底时提出疑问，对图纸问题进行梳理和确认，确定整改意见。需要重新设计的，交由设计院处理；对施工过程中存在难度的地方，与施工方协商解决方案，解决遗留问题。

对变更记录、变更记录表、签收单确认的问题进行整改，找到 BIM 模型中对应位置进行更改，出具相应的整改报告与施工方、项目经理进行再次技术交底。对整改后模型进行查看，如还有遗留问题还要重复之前步骤。

BIM 模型整改完成后可对模型进行碰撞检查及净高检查，找出碰撞点与净高不足区域，出具碰撞报告、净高检查报告并对项目有关人员进行技术交底。根据碰撞报告与净高检查报告确认的问题进行管线综合排布，对 BIM 模型进行优化，BIM 模型管线综合排布过程中与项目有关人员进行沟通出具相应的报告，再进行技术交底后根据整改意见调整优化管线综合排布方案，最终确立前期 BIM 模型。

前期模型确立后再次出具碰撞报告，根据本次报告找出模型中构件与墙体碰撞处，出具相应的预留洞口报告，方便现场施工。前期运维工作主要解决工程量问题、预留问题及施工中复杂节点，提前发现问题为后续工作开展及施工方案确立、施工进度计划安排、各施工班组工作协调提供有力依据，减少后续施工问题。

15.2.2 施工阶段

前期模型全部完善后进入施工阶段，此时工作重心在于施工过程中图纸变更、施工方案改动、设计调整引起的模型调整，对照施工区域调整 BIM 模型。

施工过程中发现现场问题由施工班组进行记录反馈，召开项目例会时及时汇报进度及存在问题，进行多方协调寻找问题根源，出具相应解决办法，确定方案后进行现场整改，同时根据施工中的图纸变更调整 BIM 模型使之与现场保持一致，方便进行三维漫游查看施工后场景，发现并解决新问题。

现场施工时会出现因施工原因导致的施工方案调整，不同的施工工艺也会对模型造成一定的影响。施工方案调整通过后需施工人员与 BIM 模型运维人员各司其职，对模型及建筑进行整改，保持施工建筑与 BIM 模型契合度，模型精度得到强化的同时保证施工进度。

BIM 模型可通过三维漫游主动检查的方式对工程进行检查，通过漫游的方式可使项目有关负责人和管理层真切巡视现场情况，对施工进度、现场情况、后续施工注意点、施工进度计划的调整及后期施工方式等作出决策。

中期运维工作解决施工中遇到的图纸变更、施工工艺调整以及三维漫游发现的工程问题，及时维护模型使模型与现场保持高度一致。中期运维是通过模型调整逐步趋于完善的过程，保证后期资料挂接的准确性，为最终的建筑维护人员创建庞大且细致的数据支撑。

15.2.3 维护阶段

基于前期、中期 BIM 模型维护提供的准确 BIM 模型，后期 BIM 模型运维可进行相应的资料挂接，完善项目数据信息，使所有 BIM 构件有量可查，并能准确快速查询对应设备厂家生产信息、合格证明、使用年限，减少建筑、设备维护工作量，提高检修的准确性、及时性。

15.3 模型维护结论

对前期 BIM 模型维护中发现的问题、提交的图纸问题，根据审核结果进行模型整改，出具碰撞报告、管线综合排布优化方案、净高检查报告以及预留洞口报告，将三维模拟施工中遇到的问题提前发现并解决；中期 BIM 模型运维是模型与现场不断磨合的一个过程，通过中期 BIM 模型维护使模型与现场保持高度一致，为后期 BIM 模型维护提供支持；后期 BIM 模型维护重心则是资料挂接，通过中期模型维护提供的准确数据完善构件信息，完成整改 BIM 模型运维。每个时期的 BIM 模型维护都是为了建立精确的 BIM 服务，使 BIM 模型终身与建筑连接。

第 16 章　模型输出 PDS 格式并上传服务器

16.1　PDS 介绍

鲁班基础数据分析系统（Luban PDS）是一个以 BIM 技术为依托的工程成本数据平台。它将前沿的 BIM 技术应用到了建筑行业的成本管理当中，只要将包含成本信息的 BIM 模型上传到系统服务器，系统就会自动对文件进行解析，同时将海量的成本数据进行分类和整理，形成一个多维度、多层次、包含三维图形的成本数据库。通过互联网技术，系统将不同的数据发送给不同的人。

16.2　PDS 运行原理

PDS 运行详细流程如图 16－1 所示。

1）通过算量软件建立算量 BIM 模型。

2）企业所有项目算量 BIM 模型汇总到企业总部 Luban PDS 服务器并进行共享。

3）通过两个客户端：管理驾驶舱（Luban MC）和 BIM 浏览器（Luban BE）查询所需要的数据。

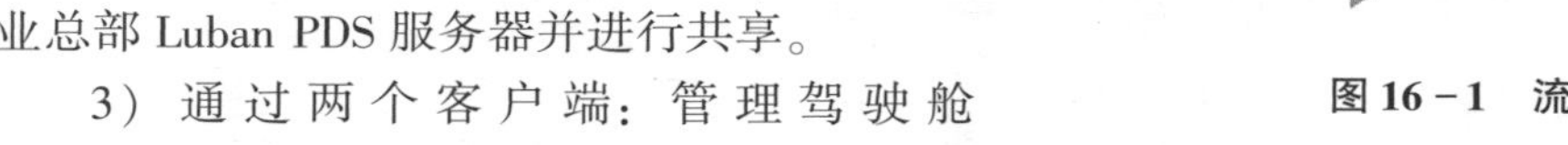

图 16－1　流程示意

16.3　PDS 系统实现与 ERP 对接

PDS 系统实现与 ERP 对接详细示意如图 16－2 所示。

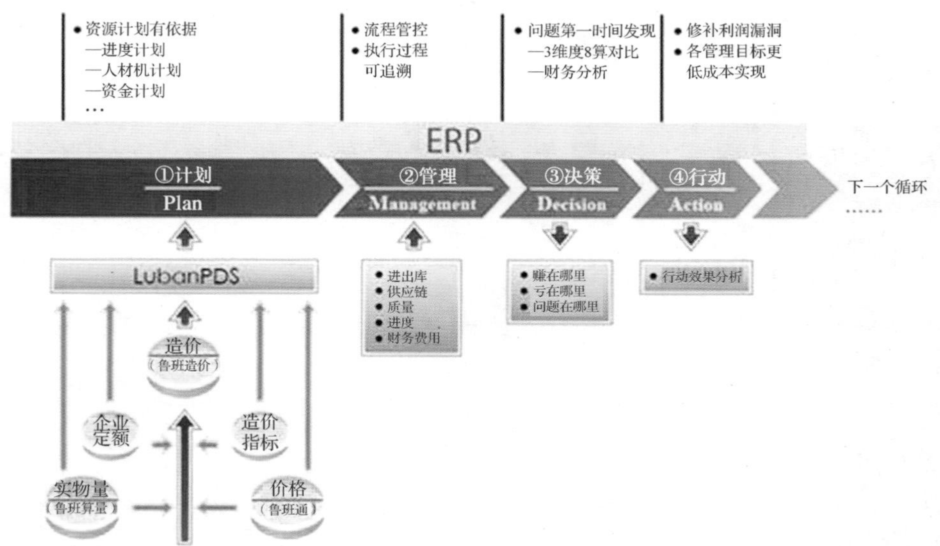

图 16－2　PDS 系统实现与 ERP 对接

16.4 BIM 算量输入 PDS 格式

1）首先将原有的 BIM 土建算量计算过的模型输入 PDS 格式，操作步骤如下：工程→导出导入→输入 PDS→选择路径（文件名和保存类型相关信息）→确定→保存。

2）点击确定之后会弹出一个提醒框，如图 16－3 所示（提示必须有两个必要的条件）。

①对于修改过的工程必须是重新进行计算之后再输出。

②清单定额完善后再进行输出。

3）对于提醒的信息，确定之后接着会显示输入构件的相关信息，如图 16－4 所示。

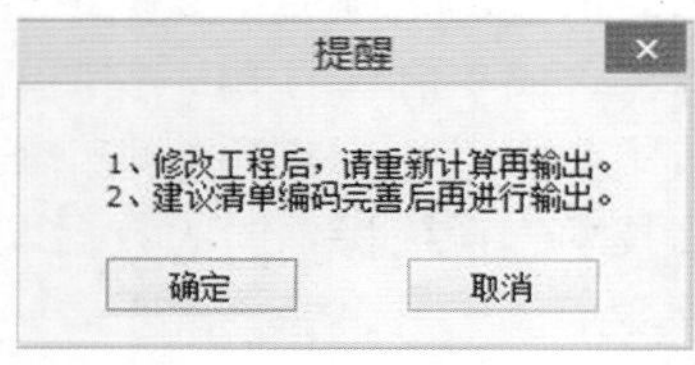

图 16－3　提醒框

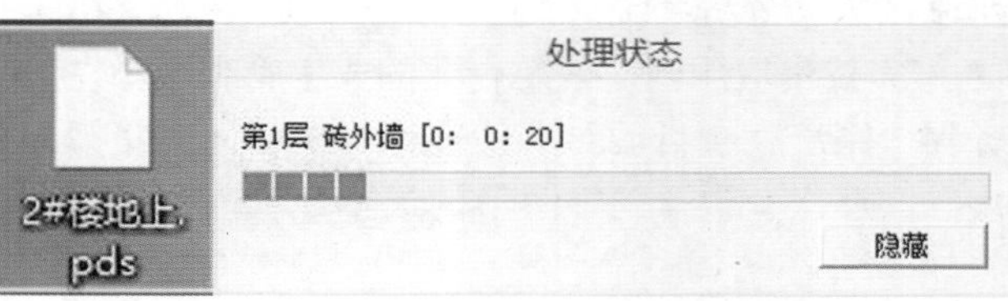

图 16－4　处理状态栏

4）输入成功之后会显示在所指定的路径。

16.5 PDS 文件上传操作步骤

1）BE 浏览器：基于模型的深度集成应用，上传 BIM 系统。

2）BIM 建模软件导入导出，选择输出 PDS，如图 16－5 所示。

3）上传 PDS 文件，在 BIM 系统中选择 BIM 模型输出的 pds 文件，如图 16－6 所示。

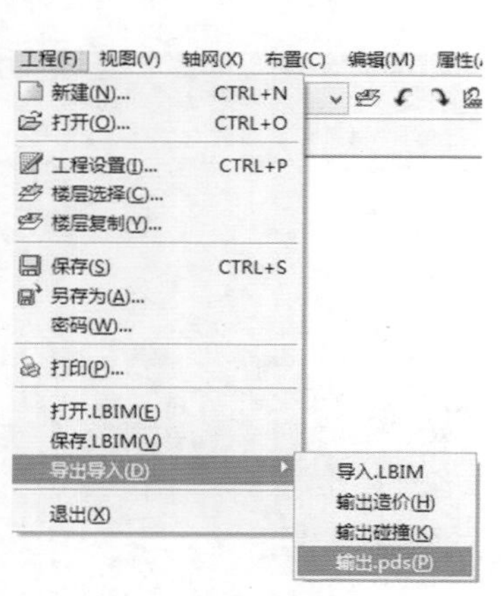

图 16－5　PDS 输出选择界面

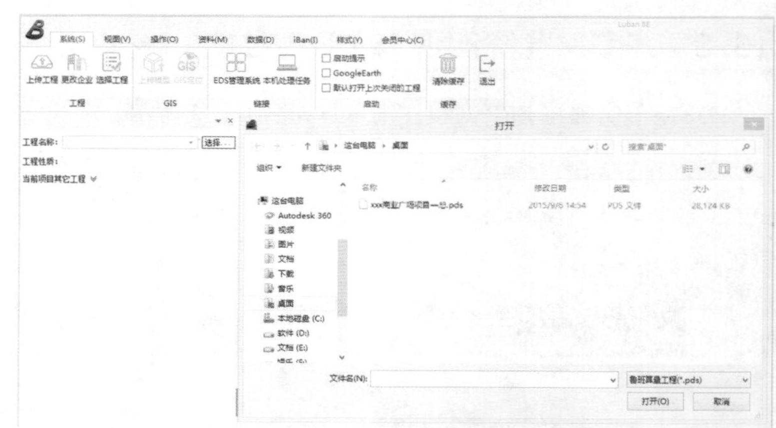

图 16－6　BE 系统中选择 PDS 格式界面

上传完之后等待 PDS 后台进行数据处理，数据处理完成以后，进行 BIM 系统操作执行。

4）首先打开 BIM 系统对应选择其账号服务器，如图 16－7、图 16－8 所示，点击“确定”进入 BIM 系统。

工程名称：上传 BIM 系统的工程名称。

上传位置：对相关归属地作一个归类，一般以分公司或项目部进行划分。

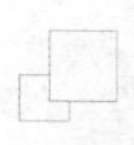

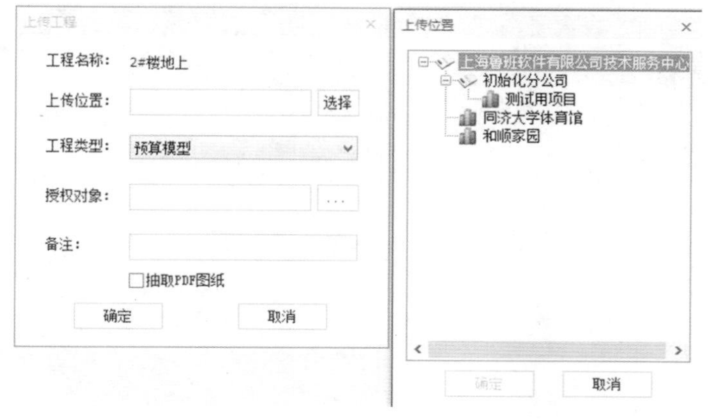

图 16－7　上传位置

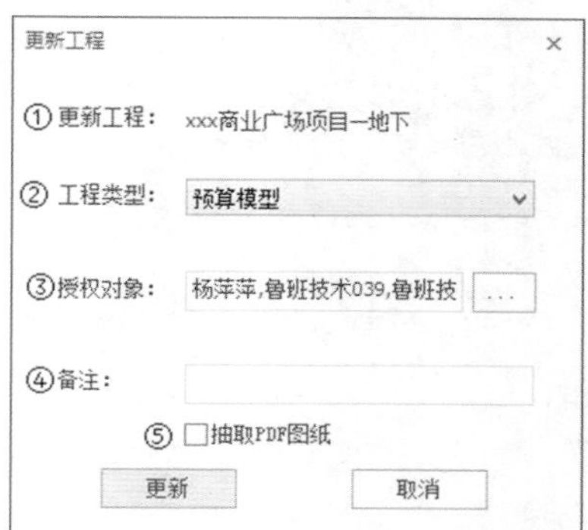

图 16－8　更新工程

工程类型：对上传的模型类别进行一个选择（预算、造价、下料、钢构等）。
授权对象：对授权或角色进行授权（模型上传、标签编辑、模型查看等）。
抽取 PDF 图纸：勾选后通过 iBan，后期对现场图片进行定位上传及管理。

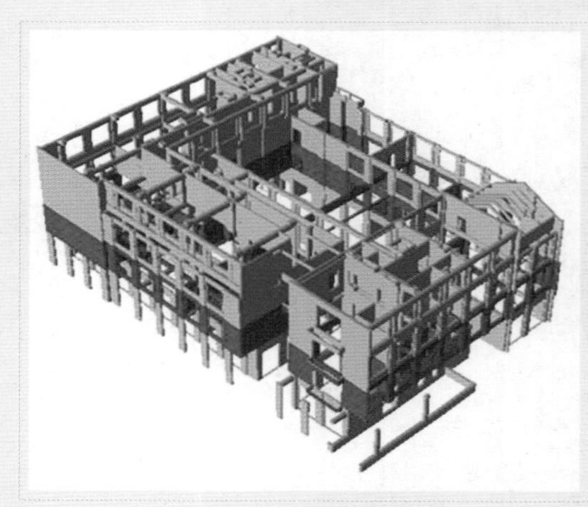

第四篇 BIM应用之施工员

04

第 17 章　现场总平面模拟布置

现场总平面模拟布置

17.1　应用点描述

施工现场作为展现企业形象的窗口，要充分考虑施工活动对社会的影响。根据现场勘察的结果以及设计院出具的专业图纸，结合实际工程的面积，对施工用地进行合理布置，包括作业区、办公区、生活区等；对场地围挡、大门、道路及排水设施等进行有效利用。

17.2　BIM 解决方案描述

利用二维图纸建立三维场布模拟图可以实现提前将生活区、作业区进行合理规划；出具施工详图、脚手架详图、施工工艺三维模拟，实现三维交底，指导施工、减少二次搬运等。

17.3　应用流程

详细流程示意如图 17－1 所示。

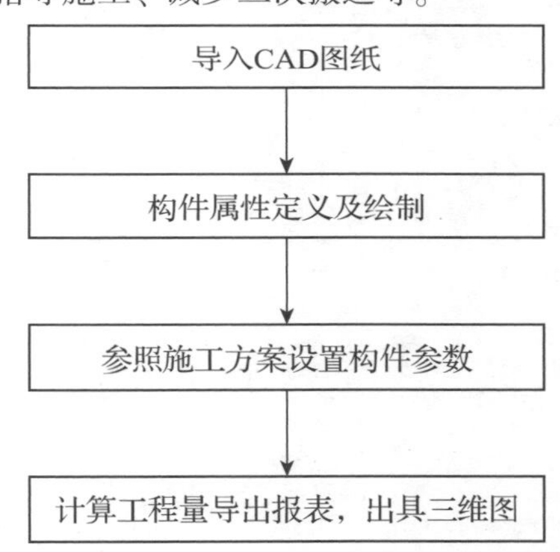

图 17－1　流程示意

17.4　操作步骤

1）导入 CAD 图纸：将场布相关图纸打开，点击“CAD 图纸”打开，如图 17－2 所示。

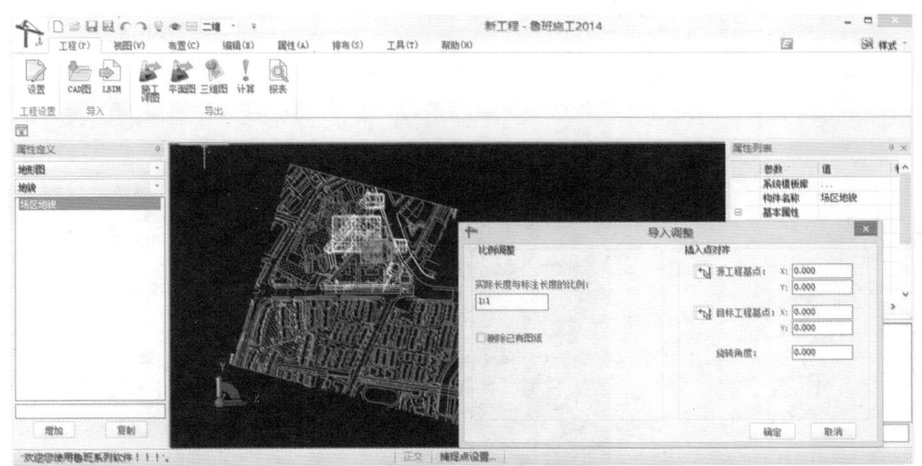

图 17－2　导入 CAD 场布图纸

2）属性设置：对相应构件进行属性设置。例如大门、地坪道路、临时用房、运输设施等，对图框内的一系列构件进行设置修改，如图 17－3、图 17－4 所示。

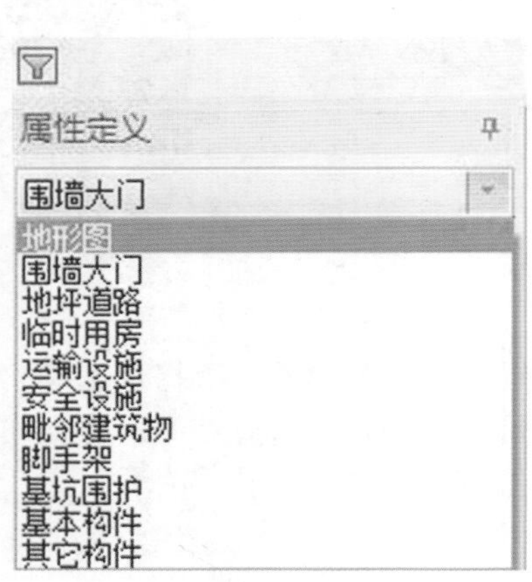

图 17－3　属性定义选择

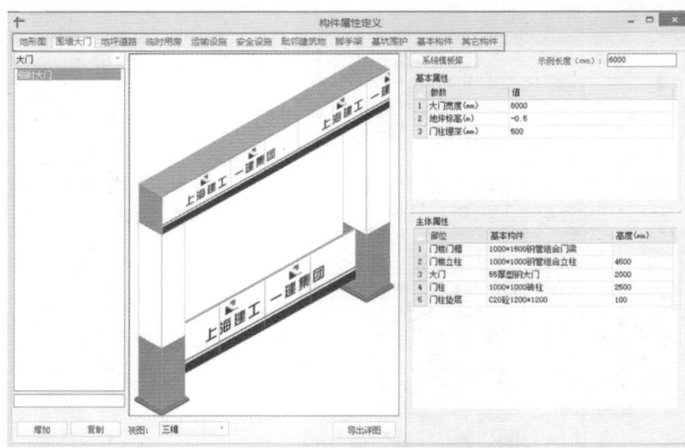

图 17－4　构件编辑设置界面

3）线性构件绘制：点击“绘制围墙”“生成围墙”等进行线性构件绘制，如图 17－5、图 17－6所示。

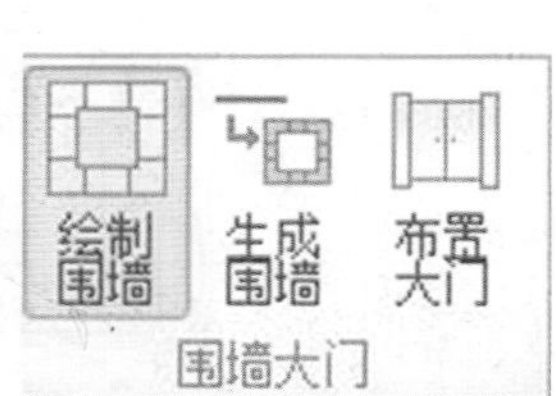

图 17－5　选择图标

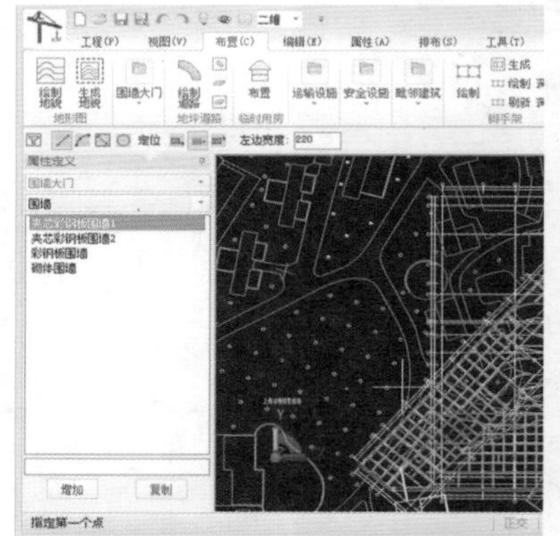

图 17－6　绘制构件选择

4）布置构件：点击“布置”“临时设施”进行布置，如图 17－7 所示。

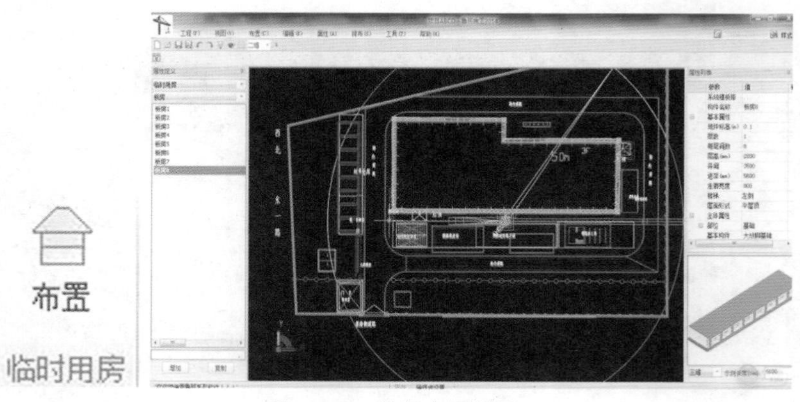

图 17－7　进行布置界面

5）绘制道路构件，如图 17－8 所示。

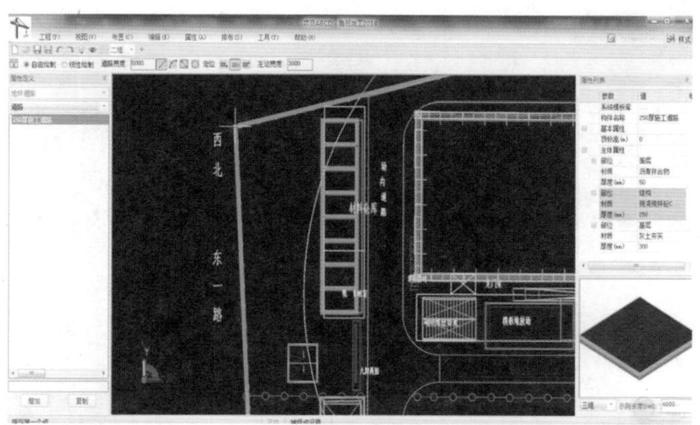

图 17－8　属性调整

6）出具施工详图：如图 17－9 所示。

7）出具三维图：如图 17－10 所示。

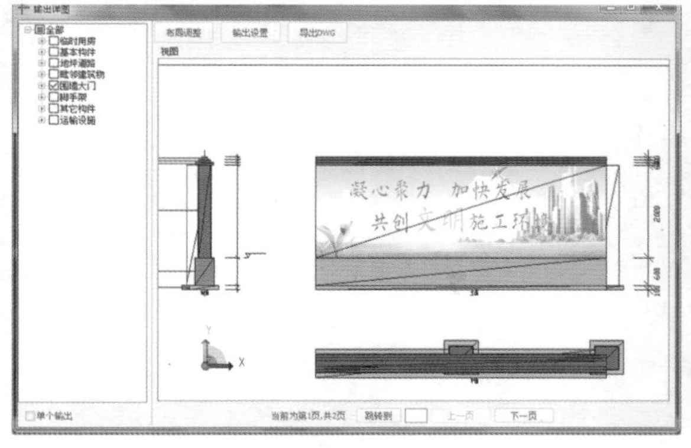

图 17－9　出具施工详图

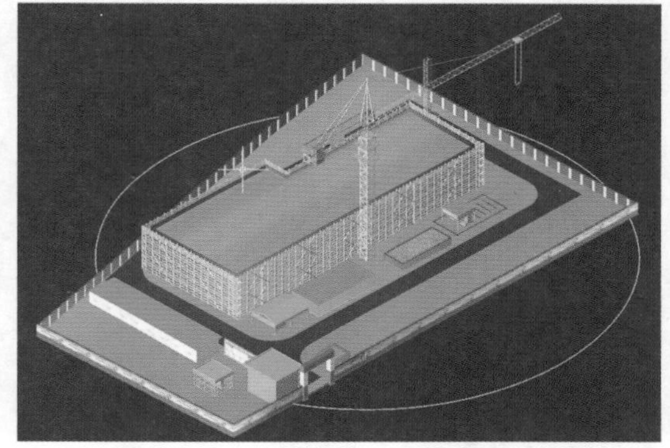

图 17－10　出具三维图

8）出具工程量报表：点击“报表查看”出具工程量报表，如图 17－11 所示。

项目-报表系统

打印　预览　导出　统计

脚手架汇总表　砌块汇总表　构件汇总表　材质汇总表

工程汇总表

按栋号楼层构件汇总表

序号	栋号	楼层	构件大类	构件小类	长度	工程量	单位
1			其它构件	手提式灭火器	-	6	个
2				木工加工棚	-	1	个
3				电焊机	-	2	个
4				配电箱	-	1	个
5				配电箱1	-	1	个
6				门卫室1	-	1	个
7			围墙	砌体围墙	-	309.421	m
8				砌体围墙1	-	8.989	m
9				砌体围墙2	-	7.884	m
10			地坪	250厚施工地坪	-	6358.414	m2
11			塔吊	1号塔吊	-	1	个
12				模板堆场	42.138	25.283	m3
13				水池	17.16	8.237	m3
14				消防箱	9.916	3.967	m3
15				消防箱2	7.389	3.695	m3

图 17－11　出具工程量报表

通过鲁班 BIM 系统的施工软件对现场进行布置。在平面布置中对施工机械设备、办公、道路、现场出入口、临时堆放场地等进行优化合理布置；在现场交通组织上，充分考虑现场大型机械设备安装和重型车辆的进出场问题；在物流组织上，尽量避免土建、安装专业施工相互干扰，优化物流组织的程序；施工用房布置考虑分包单位进出场时间、劳动力计划曲线，合理安排办公用房设置时间；施工材料堆放应尽量设在水平运输机械的行程范围内，减少二次搬运；现场临时设施和场地铺装的设计以绿色施工为指导方针，重视减少对资源的消耗、减少废弃物的排放、减少对环境的影响。

第 18 章[*] 生成土方开挖图

测量放线定位

土方分割

18.1 应用点描述

现场土方开挖注意事项：土方开挖前，应对基坑四周的场地进行平整，并确保平整后的场地标高不高于设计标高。基坑围护剖面图（基护剖面图）中所示的基底标高为计算标高，基坑坑内各处的实际开挖深度应以结施图为准，严禁超挖。当结施图与基护剖面图中所示的基底标高有出入时，以结施图为准。挖土机械不得直接压在支撑上，必须在支撑两侧填土，填土须高出支撑顶面 300mm，然后在其上铺设钢板等，方可在上面通行机械车辆。土方开挖原则上应分区分段对称进行，挖土次序严格遵循“分层开挖，先撑后挖”及“大基坑，小开挖”的原则。具体挖土施工流程如下：

1）先施工围护桩及压顶梁，并进行混凝土养护。

2）当压顶梁强度达到 80% 之后，开挖至支撑底标高。

3）施工水平内支撑，并进行混凝土养护。

4）水平内支撑混凝土强度达到 80% 设计强度后，开挖至坑底标高，坑内临时放坡坡度不得大于 1:1。

5）最后 30cm 土方应人工开挖，严禁超挖。挖土至坑底后 24 小时内，须完成素混凝土垫层施工；素混凝土垫层应延伸至围护体边，并抓紧施工承台及基础底板。

18.2 应用价值

1）标高分割：主要是将不同深度的土方开挖量分开出量，对于一个比较大的项目来说土方开挖深度不同，其施工难度以及土方开挖的造价都有所不同，因此需要对深度不同的土方量进行分割。在基础开挖时也会遇到多种不同土质，也需要分开出工程量。对绘制好的土方区域进行放坡及工作面设置。

2）网格分割：在场地平整土方工程施工之前，通常要计算土方的工程量。但土方外形往往复杂不规则，要得到精确的计算结果很困难。一般情况下，可以按方格网将其划为一定的几何形状，并采用具有一定精度而又和实际情况近似的方法进行计算。

3）生成土方开挖图，辅助现场开挖：土方开挖是工程初期以至施工过程中的关键工序，土建增加土方开挖图功能，支持快速生成开挖图保证土方开挖标高位置与尺寸准确无误，辅助现场测量放线定位，可以有效地缩短开挖工期、降低成本。土方开挖图的目的及价值：快速生成平面图及开挖图，辅助现场进行测量放线，定位土方开挖，数据更精确。

18.3 实施方法

1）实施过程如图 18－1 所示。

2）作业流程如图 18－2 所示。

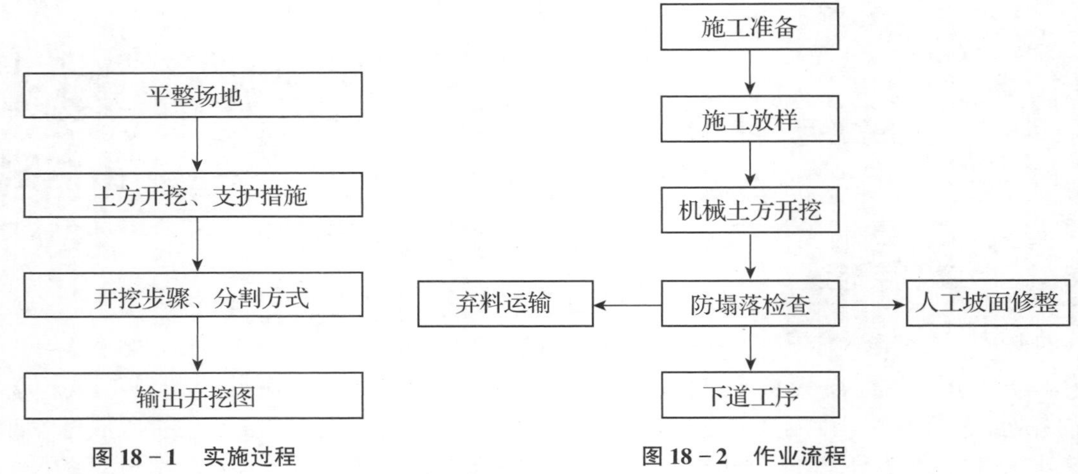

图 18-1　实施过程　　　　图 18-2　作业流程

18.4　操作步骤

18.4.1　土方放坡设置

对绘制好的土方区域进行放坡及工作面设置，点击“土方放坡”→选择设置放坡的土方→选择对象，点击鼠标右键显示边坡设置对话框，如图 18-3 所示。

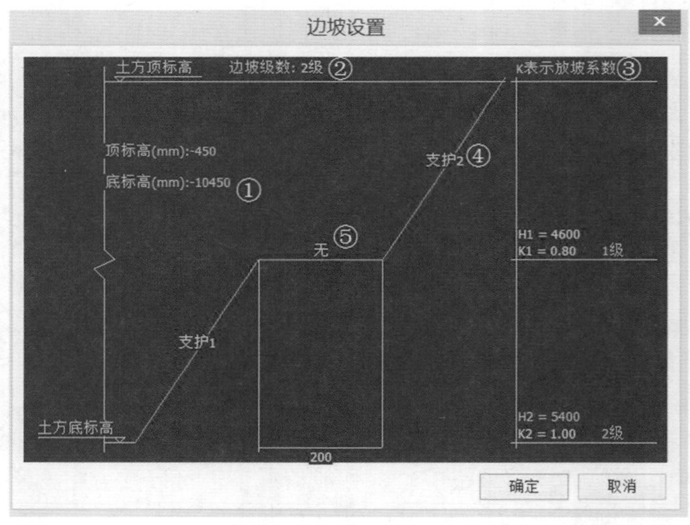

图 18-3　土方放坡设置

1）开挖标高：对土方开挖的顶标高及底标高进行定义。

2）边坡等级：根据项目的需要进行边坡等级划分（1-5 级）。

3）放坡系数：依据规范并根据开挖深度确定放坡系数。

4）支护：防止土方坍塌对周边环境安全造成危害（选择对应的支护数值对后期套项出量有影响）。

5）支护平台：支护防止土方滑落的平台。

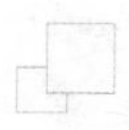

18.4.2　标高分割

1）点击“BIM 应用”→“分割土方”→“标高分割”弹出对话框，如图 18－4 所示。

2）根据命令行提示“选择标高分割的土方”，选择土方后软件会弹出“标高分割土方”的对话框，如图 18－5 所示。

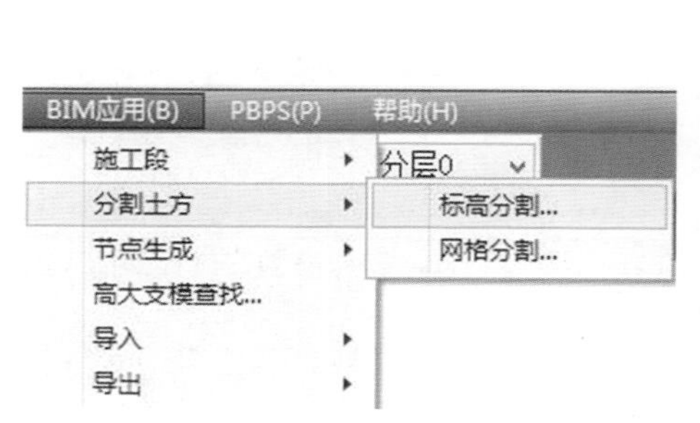

图 18－4　标高分割选择界面

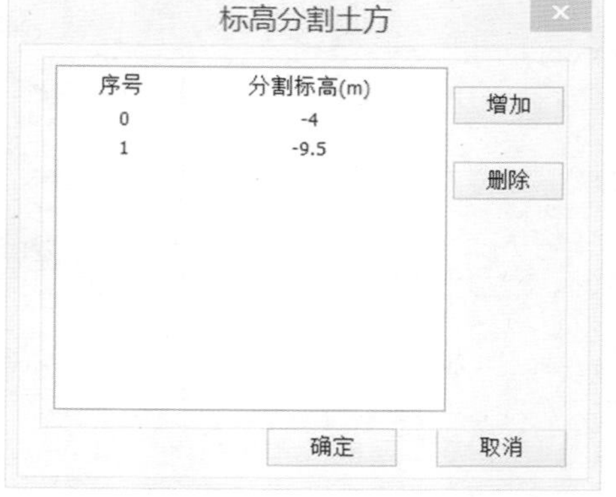

图 18－5　标高分割土方对话框

3）点击“增加”命令，即可增加新的标高分割点，点击确定后完成。土方开挖平面及三维显示如图 18－6、图 18－7 所示。

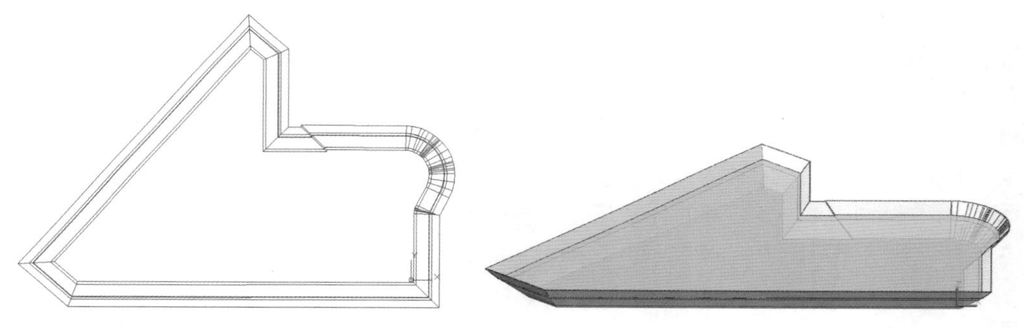

图 18－6　土方开挖平面显示　　图 18－7　土方开挖三维显示

18.4.3　网格分割

1）点击“BIM 应用”→“分割土方”→“网格分割”，如图 18－8 所示。

2）软件弹出“水平网格分割土方”对话框，如图 18－9 所示。

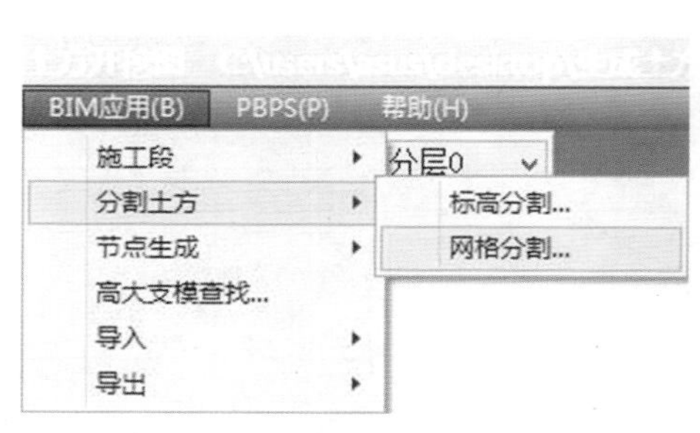

图 18－8　选择界面

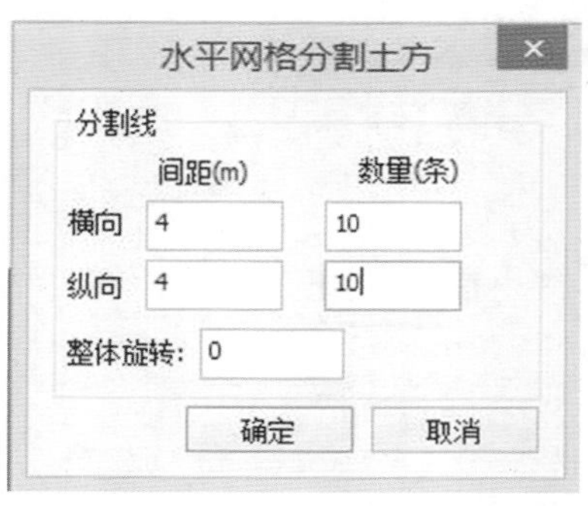

图 18－9　水平网格分割土方对话框

3）根据设置的纵横向的间距与数量，点击确定后会在鼠标十字光标处形成网格分割线，鼠标移动确定好分割线位置，点击鼠标左键完成分割，此时土方与网格相交处会自动分割，如图 18－10、图 18－11 所示。

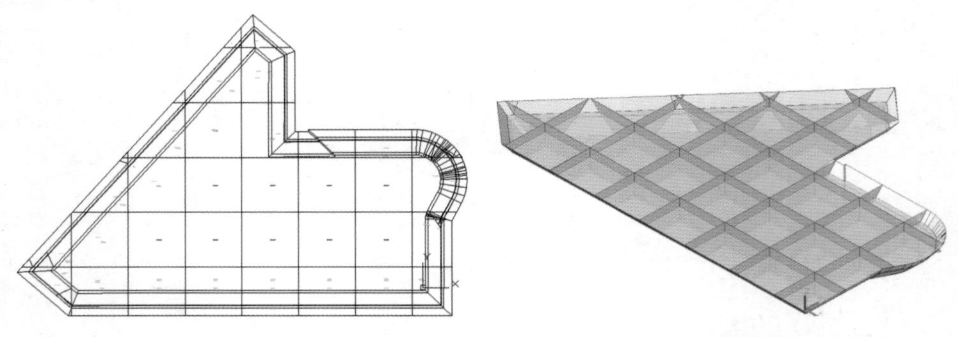

图 18－10　网格分割平面显示　　　图 18－11　网格分割三维效果

18.4.4　生成土方开挖图

标注开挖边线尺寸：基础开挖边线（加外放工作面宽度）、承台开挖底标高及顶标高、承台开挖的坡度。

1）点击“PBPS”→“生成图纸”→“土方开挖图”，如图 18－12、图 18－13 所示。

2）土方尺寸：边线间距等（人工选择位置，软件提供标注功能）；坡度：坡度标注，样式可选°、%、1:m 等。

3）可自定义平面图名称、平面图范围、平面图样式，土方可根据标高上下遮蔽，所有土方显示土方线。

4）平面图支持输出 DWG 格式图纸。

土方开挖图对话框可定义构件名称；选择构件部位；选择坡度样式；修改字体大小；对土方的标高、尺寸、坡度、名称等的标注进行设置，之后点击“生成”即可，如图 18－14 所示。

生成土方开挖图对土方（放坡）开挖标高位置及尺寸进行标注，定位数据更精确。

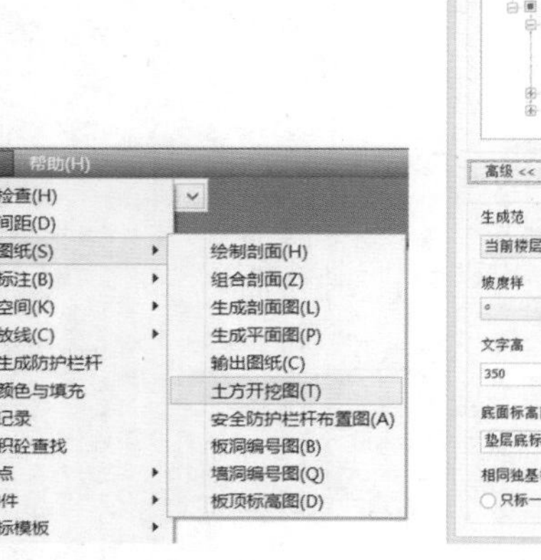

图 18－12　选择界面

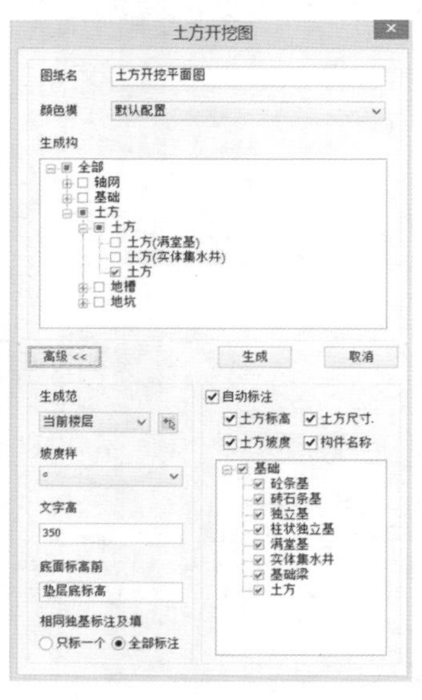

图 18－13　设置界面

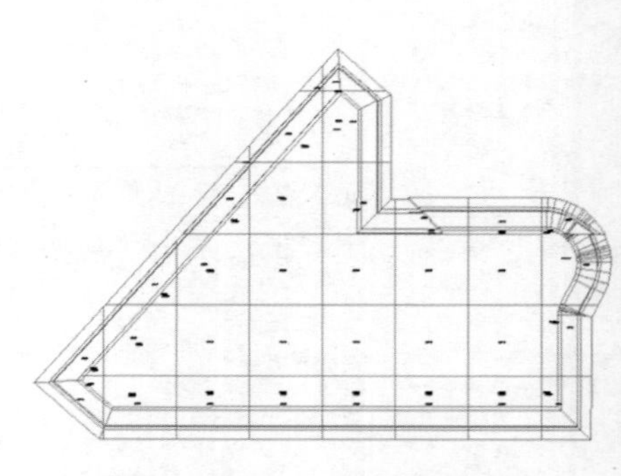

图 18－14　土方开挖平面图

第 19 章　砌体排布方案模拟

砌体排布方案模拟

19.1　应用点描述

19.1.1　砌体排布应用

砌体排布以土建模型为基础，可以将模型的墙体单位由平方米细化到以块为单位，实现材料的精细化管理，另外对辅助材料（砂浆）的用量也可以精确统计出来，实现更精细化的材料管理。砌体排布对墙体进行编号，可以实现对所有特定编号的墙体进行相应砌块的型号控制和砂浆用量控制，提前对每个区域实施材料搬运计划，有效地减少二次搬运。

19.1.2　形成及特点

砖墙砌体主要的砌筑形式：一顺一丁、三顺一丁、梅花丁。砌筑形式特点：

1）一顺一丁砌法是一皮全部顺砖与一皮全部丁砖相互间隔砌成，上下皮间的竖缝相互错开 1/4 砖长。

2）三顺一丁砌法是三皮全部顺砖与一皮全部丁砖间隔砌成，上下皮顺砖与丁砖间竖缝错开 1/4 砖长，上下皮顺砖间竖缝错开 1/2 砖长。

3）梅花丁砌法是每皮中丁砖与顺砖相隔，上皮丁砖坐中于下皮顺砖，上下皮间竖缝相互错开 1/4 砖长。

19.2　应用价值

砌体排布是将建立好的土建模型导入鲁班施工软件中，利用施工软件中墙体编号功能对每一面墙体进行有序编号，并对编号的墙体依次按照设置的砌体规格、种类和灰缝大小等参数进行排布，从而得出相应编号墙体各种规格砌体用量和排布图，最后形成项目按编号墙体的砌体用量，用来指导相应砌体施工。

19.3　实施方法

砌体排布方案实施过程如图 19 − 1 所示。

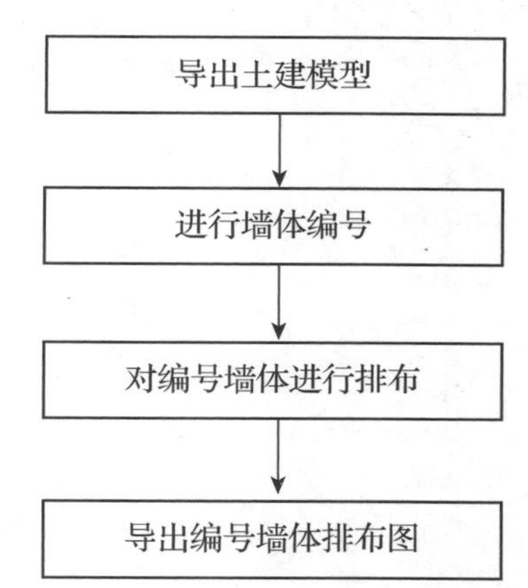

图 19 − 1　砌体排布方案实施过程

19.4　案例介绍

关于工程概况介绍详见第 7 章。

19.5　操作步骤

19.5.1　相关格式信息导入

将土建绘制模型保存为 LBIM 格式，在施工中打开该格式文件，通过“LBIM”对工程的名称进行定义；对导入的工程楼层及构件进行选择；对坐标原点的定位选择、其他构件隐藏等进行设置，如图19－2所示。选择导入界面工程信息，如图19－3所示。

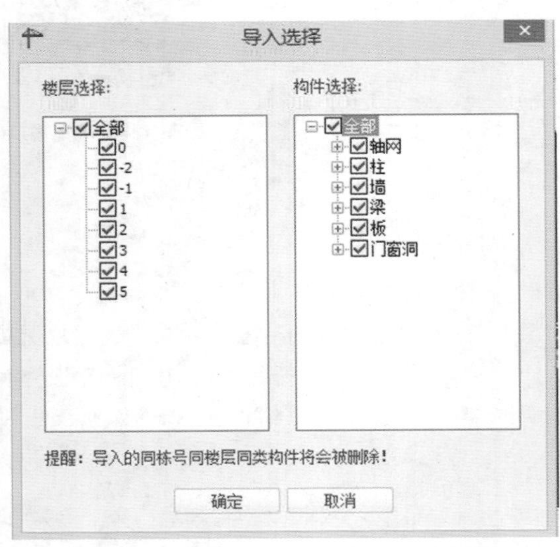

图19－2　导入选择界面

图19－3　绘制界面

19.5.2　按楼层砌体排布

“编辑”→“单栋编辑”→“视图”→“楼层”→“对应楼层”→“生成编号”→“砌块排布图”→“生成排列”。

19.5.3　平面编号

平面编号详见图19－4

19.5.4　对应编号墙体

依次进行砌体排布设置，如图19－5所示。

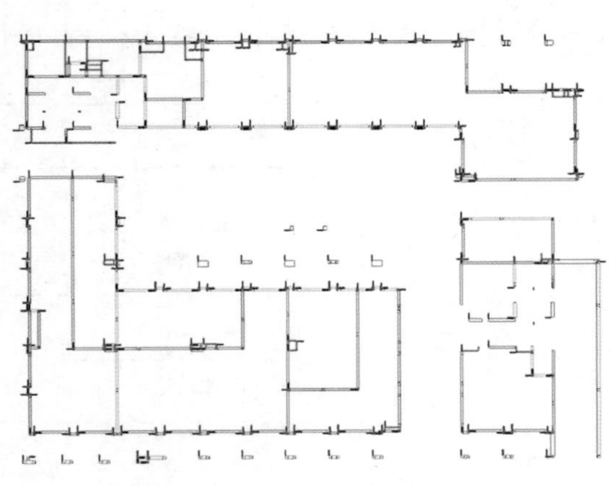

图19－4　CAD图

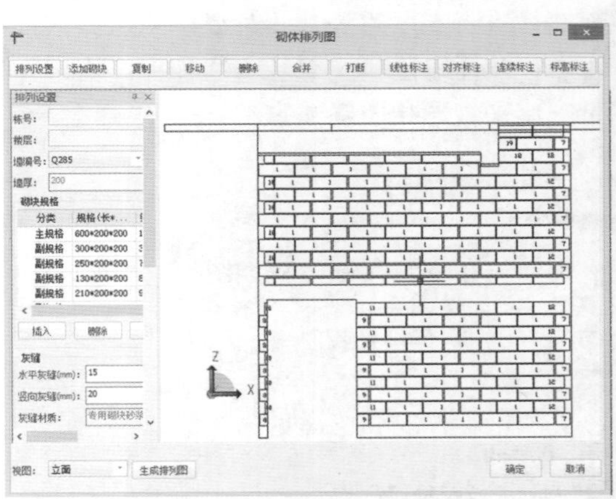

图19－5　软件操作界面

19.5.5　报表工程量

			排列图编号	规格	单位	材料	数量
2#楼	一层	Q1	1	240×115×53	块	普通砖	1657
			2	150×120×53	块	普通砖	23
			3	140×120×53	块	普通砖	23
			4	100×120×53	块	普通砖	42
			5	70×120×53	块	普通砖	54
			6	60×120×53	块	普通砖	24
			7	40×120×53	块	普通砖	26
			8	20×120×53	块	普通砖	68
			灰缝		m^3	砂浆	0.338
		Q2	1	240×115×53	块	普通砖	1457
			2	150×120×53	块	普通砖	26
			3	140×120×53	块	普通砖	28
			4	100×120×53	块	普通砖	42
			5	70×120×53	块	普通砖	54
			6	60×120×53	块	普通砖	24
			7	40×120×53	块	普通砖	26
			8	20×120×53	块	普通砖	68
			灰缝		m^3	砂浆	0.348
		Q3	1	240×115×53	块	普通砖	1457
			2	150×120×53	块	普通砖	26
			3	140×120×53	块	普通砖	28
			4	100×120×53	块	普通砖	42
			5	70×120×53	块	普通砖	54
			6	60×120×53	块	普通砖	24
			7	40×120×53	块	普通砖	26
			8	20×120×53	块	普通砖	68
			灰缝		m^3	砂浆	0.348
		Q4	1	240×115×53	块	普通砖	1857
			2	150×120×53	块	普通砖	48
			3	140×120×53	块	普通砖	46
			4	100×120×53	块	普通砖	68
			5	70×120×53	块	普通砖	75
			6	60×120×53	块	普通砖	38
			7	40×120×53	块	普通砖	49
			8	20×120×53	块	普通砖	98

为了合理安排砌块，加快施工进度，在施工前应编制砌块排列图。砌块排列图用立面表示，每一面墙都要绘制一张砌块排列图，说明墙面砌块排列的形式及各种规格砌块的数量，同时标出楼板、主梁、过梁、楼梯孔洞等位置。

第20章* 查找高大支模点并记录

查找高大支模点并记录

20.1 应用点描述

高大支模区域筛选对整个项目而言，是一项重要的施工工作。这项工作关乎整个项目的质量和安全。鲁班 BIM 可以快速准确地找到需要进行高大支模的区域位置，它排除了传统模式逐个排查，效率低下、容易遗漏的问题。鲁班 BIM 可以让高大支模做到准确定位，在三维可视化条件下显示并定位反查到单个构件等功能使问题变得一目了然、直观形象。

可视化的三维模型对施工交底而言，是一项很大的技术进步，是查找高大支模方面的一次技术革新。鲁班 BIM 技术应用，可以让施工企业在成本管理、质量管理、安全管理上取得更省时省力的效果，可以更大程度地在“4M1E”五大因素中体现“人”的价值。

20.2 应用价值

(1) 准确、全面、直观地查找高大支模的位置

鲁班 BIM 的三维可视化效果，让原来只存在于人们脑海中的空间形象和周边的环境立体地展现在所有人的面前。

(2) 让质量管理水平得到提高

就目前的建筑行业来看，因高大支模系统失稳而导致坍塌的事故频繁发生，而“高大支模位置查找不精确或遗漏”是其中的一个重要原因。鲁班 BIM 技术可以帮助企业降低事故发生的风险，让质量管理水平得到提高。

(3) 减少施工安全隐患，加快施工进度

传统的高大支模通常依靠有经验的人查找，但是由于每个项目的唯一性，不能保证每一项都不会被遗漏。鲁班 BIM 技术，可以保证查找的速度和精确性，让技术人员高效迅速地做出具体的解决方案，制定更合适的解决办法。

20.3 实施方法

20.3.1 实现过程

高大支模点查找过程如图 20－1 所示。

1) 所需用到的软件和系统：鲁班土建 BIM 建模软件以及 BIM 系统。

2) 企业方工作配合：需要项目的各负责人提供准确的查找参数，组织一次交底会议，与编制专项施工方案的人员一起在三维可视化界面下讨论查找结果。

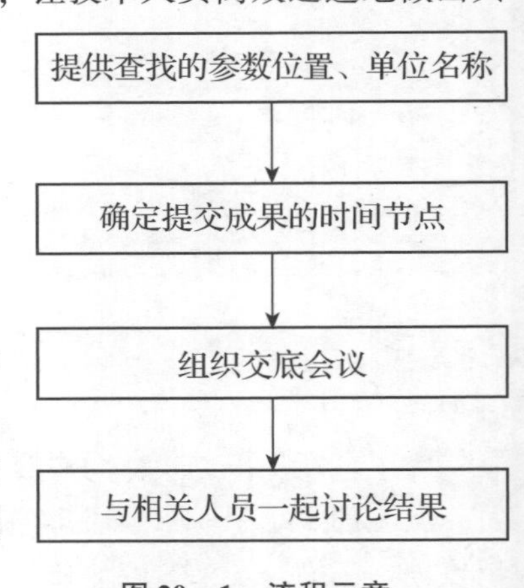

图 20－1　流程示意

20.3.2 流程改进

1）查看图纸及相关资料，大致确定需要高大支模的楼层和范围。有经验的项目人员先基本确定需要高大支模的相关数据，包括楼层和支模的参数；鲁班 BIM 团队按照项目所提供的参数，利用鲁班土建 BIM 软件进行相关数据和范围的设置；鲁班 BIM 团队进行相关数据和范围的查找，整理数据，上报查找结果。

2）项目相关人员及专项方案人员根据查找的结果讨论具体的施工方案。

专项施工方案人员可以根据鲁班 BIM 团队提交的成果报告研究具体的施工方案；若需要，还可现场交底，让相关人员更清楚地了解需要高大支模的位置及其周边环境。鲁班 BIM 技术支持下的三维交底让高大支模专项施工方案更形象直观。

项目相关人员及编制高大支模专项施工方案的人员可以依照经验，提出一些改进措施。在鲁班 BIM 软件的辅助下更大地发挥实际效果。

20.4 案例介绍

项目概况：1#、2#楼地下室 2 层，其中地下一层高 5.45m，地下二层高 4.30m，建筑面积 12533.41m^2。通过该项目的概况得知，大截面、大跨度的梁有多处，通过鲁班 BIM 的后台，利用高大支模查找功能（根据住房和城乡建设部颁发的《建设工程高大模板支撑系统施工安全监督管理导则》建质［2009］254 号第 1.3 条规定，高大模板支撑系统是指建设工程施工现场混凝土构件模板支撑高度超过 8m，或搭设跨度超过 20m，或施工总荷载大于 15kN/m^2，或集中线荷载大于 20kN/m 的模板支撑系统），可以查找到具体需要高大支模的部位，还可以通过整体楼层进行三维查看，也可以自动生成一个 Word 格式的报告。报告可以分发到项目每个施工人员手中，使得项目的相关人员更加直观地了解该项目需要高大支模的具体部位及周边的施工情况，对需要进行高大支模的相关部位采用及时、可靠的措施。

20.5 操作步骤

20.5.1 高大支模定义范围

点击“BIM 应用”→“高大支模查找”，如图 20－2、图 20－3 所示。

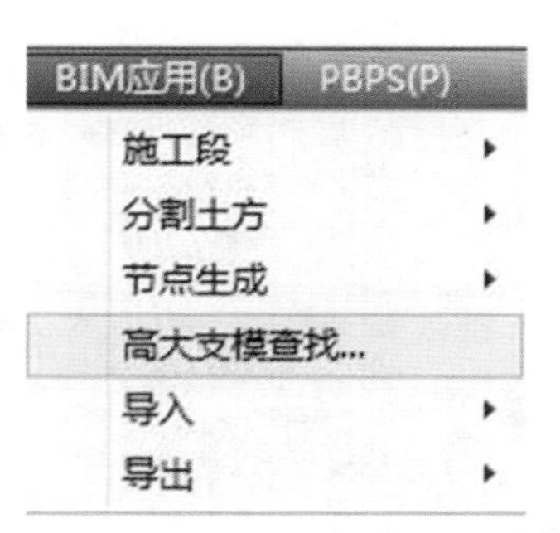

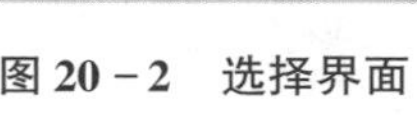

图 20－2 选择界面

图 20－3 选择范围

20.5.2 高大支模查找

通过高大支模范围的查找，得出该项目所有需要高大支模的位置，如图 20－4 所示。

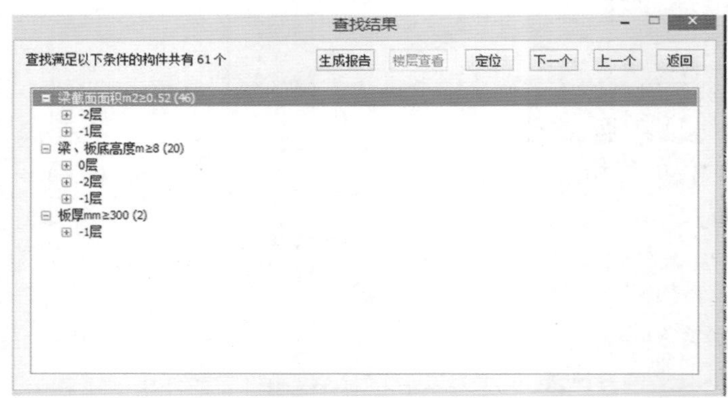

图 20－4　筛选结果

20.5.3　定位查看三维效果

选择楼层进行三维效果定位查看，如图 20－5 所示。

20.5.4　生成相关报告

对其查找范围内的高大支模将生成相关报告，如图 20－6 所示。

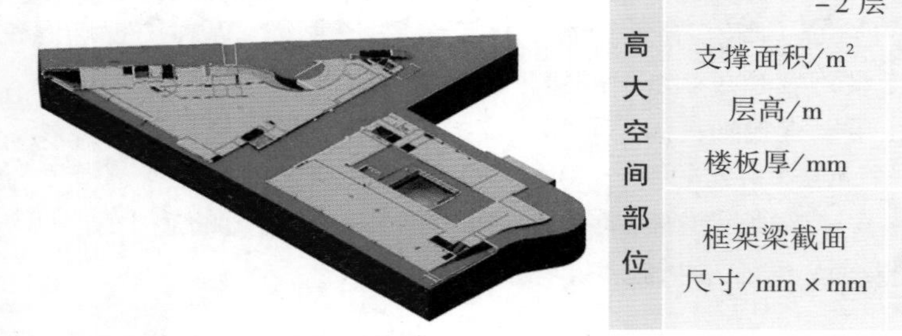

图 20－5　三维效果

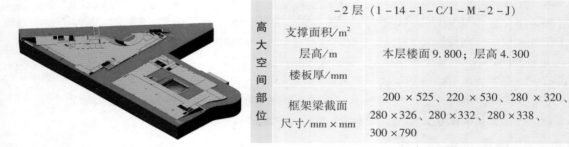

高大空间部位	－2 层（1－14－1－C/1－M－2－J）	
	支撑面积/m²	
	层高/m	本层楼面 9.800；层高 4.300
	楼板厚/mm	
	框架梁截面尺寸/mm×mm	200×525、220×530、280×320、280×326、280×332、280×338、300×790

图 20－6　报告模板

通过该功能的介绍以及项目实例工程操作经验得出，该功能可在项目实施前对前期的预算模型进行三维空间模拟查找定位，将高大支模的位置进行准确地筛选，从而辅助专家快速完成高大支模方案的制定，提交成果，如图 20－7 所示。

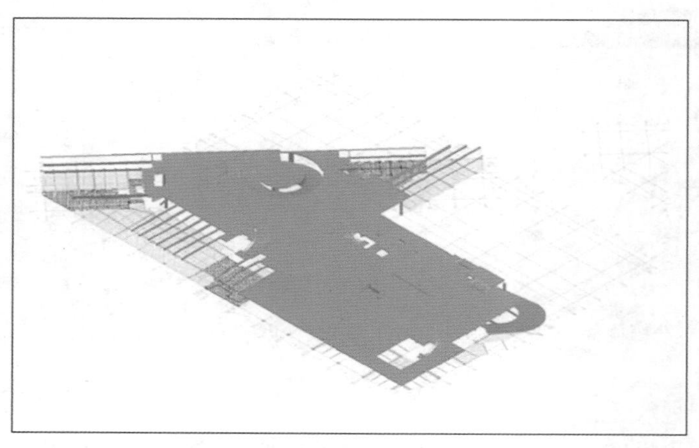

图 20－7　成果报告效果图

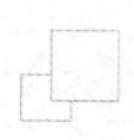

第 21 章* 净高检查

净高检查

21.1　应用点描述

运用 BW 进行净高检查，可提前发现问题、解决问题，做到防范于未然，达到节约时间成本，避免增加不必要的工程成本。在施工中会遇到很多净高不足的问题，通过对 BIM 模型进行净高检查快速找出净高不足的区域，提前对存在问题的区域进行调整或提出修改意见，从而可避免日后施工过程中因净高不合理而造成大面积返工，也有利于节约工期以及工程成本。

21.2　应用价值

根据设定筛选条件快速查找定位净高不足的区域，可对问题区域进行备注，方便交底时问题查找，减少因图纸设计问题而产生的使用空间净高不足而返工、停工等。

21.3　操作步骤

21.3.1　净高检查

点击“净高检查”，设置好起点、终点标高，对需要进行净高检查的专业进行勾选，如图 21－1 所示。点击“检查”，软件检查完毕后显示出对应的检查结果，点击对应结果可反查定位到模型中对应净高检查点，检查后可在问题类型中对处理方式进行标注，如图 21－2 所示。

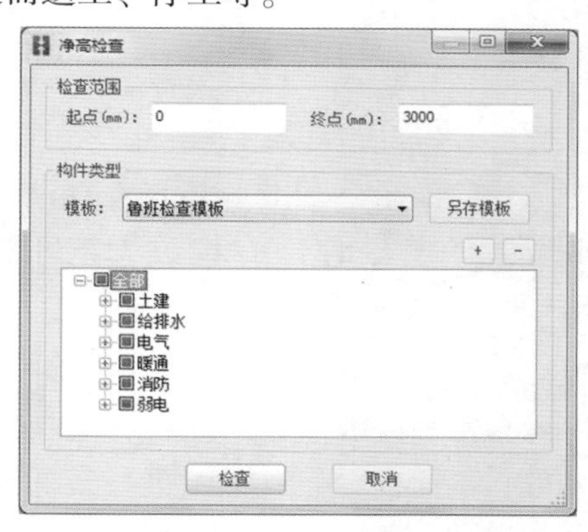

图 21－1　“净高检查”对话框

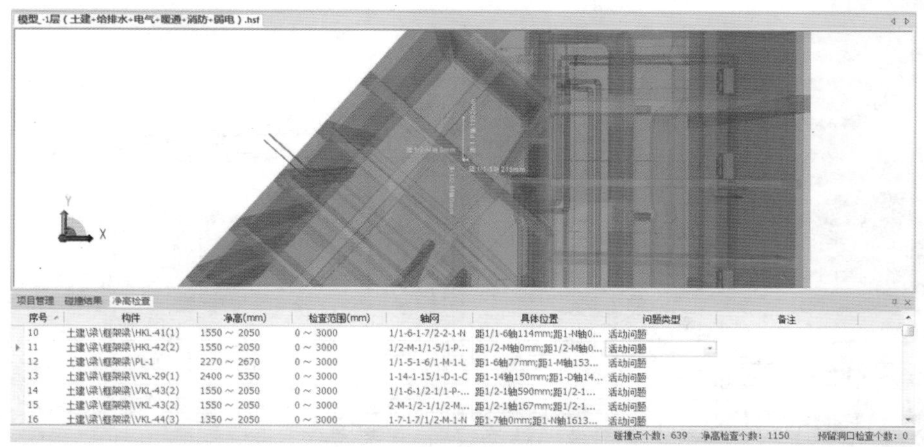

图 21－2　净高检查结果

21.3.2 净高检查定位

净高检查后的结果显示在净高检查表中，点击对应编号可对其位置进行定位，如图 21－3 所示。

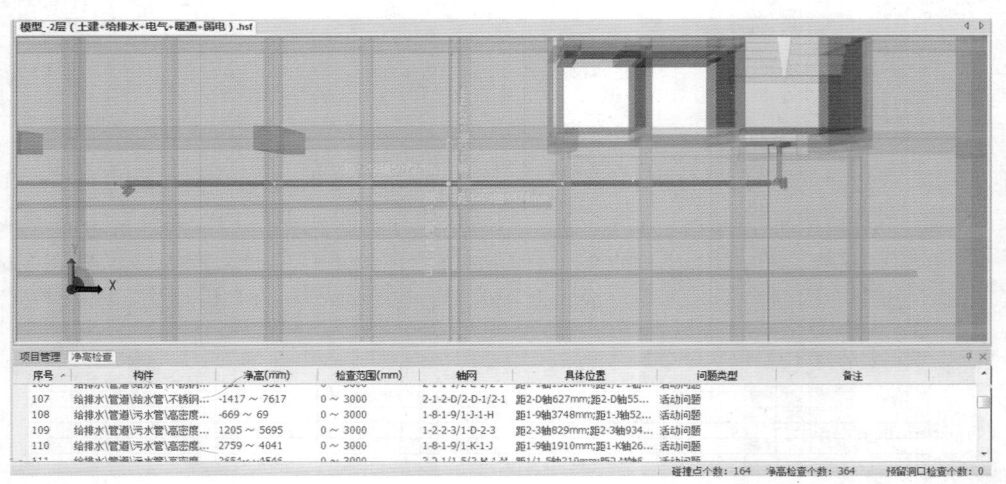

图 21－3 反查定位

21.3.3 净高检查问题类型标注

对反查后的净高区域进行查看分析，可对处理方式进行标注。点击问题类型一栏中的下三角，可对该区域净高不足问题的处理方式进行标注，如图 21－4 所示。

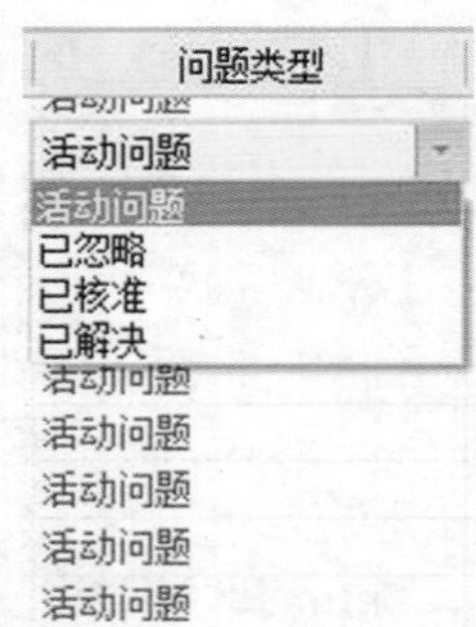

图 21－4 问题标注

21.3.4 净高检查报告

1）净高区域划分后如图 21－5 所示（布置方式同施工段）。

2）剖面查看，例如 A 区：最低点高度为 3025mm，本区域存在降板，梁的位置较低影响到下面的风管高度，如图 21－6 所示。

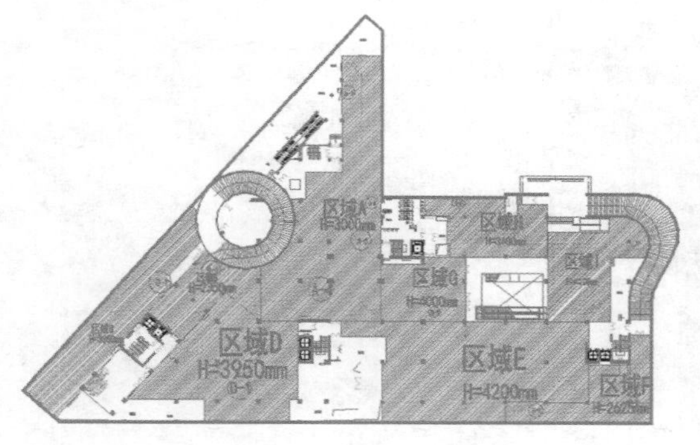

图 21－5 净高分区示意图

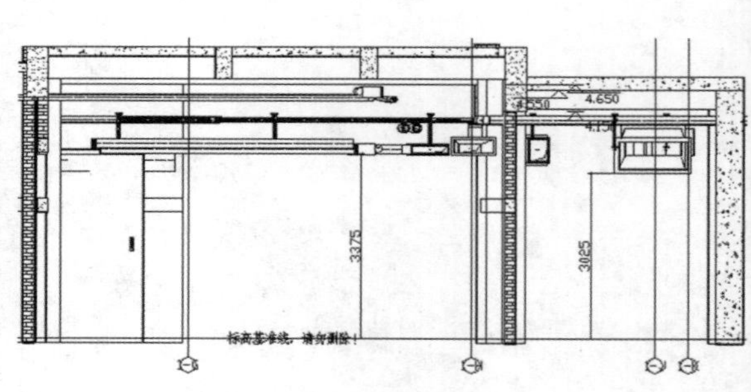

图 21－6 剖面图

3）净高检查报告，例如-1 层检查报告（部分），如图 21－7 所示。

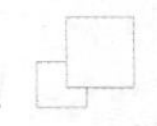

序号	视口截图	位置信息
1		构件：土建 \ 梁 \ 次梁 \ 1 – 4 楼梯节点 1 净高（mm）：–96 ~ 250 轴网：2 – 2 – 2 – C/2 – C – 2 – B 位置：距 2 – C 轴 166mm；距 2 – C 轴 147mm
2	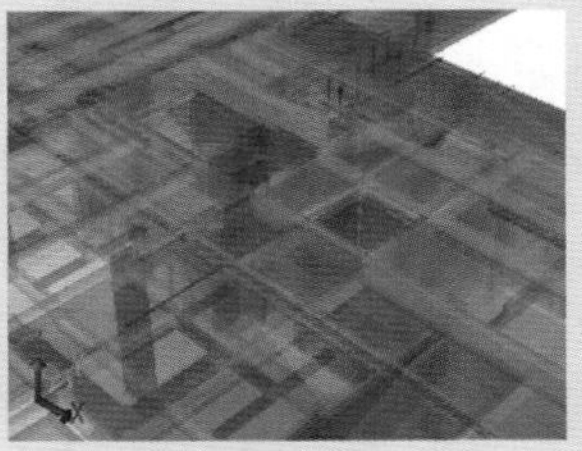	构件：给排水 \ 管道 \ 给水管 \ 不锈钢管 – *DN*32 \ 生活给水管及其立管 GL 净高（mm）：–2278 ~ 11278 轴网：1 – 9 – 1 – 10/1 – G – 1 – F 位置：距 1 – 9 轴 1597mm；距 1 – F 轴 125mm
3		构件：给排水 \ 管道 \ 污水管 \ 高密度聚乙烯超静音排水管 *De*160 \ 污水管及其立管 WL 净高（mm）：–4124 ~ 12124 轴网：1 – 4 – 1 – 5/1 – E – 1 – D 位置：距 1 – 4 轴 196mm；距 1 – D 轴 1777mm

图 21 – 7　–1 层检查报告（部分）

软件自动根据设定条件进行净高筛选，筛选完成后可根据处理方式对问题进行标注，方便在管线综合时对该区域侧重调整，避免返工带来的人力物力的浪费。利用 BW 进行净高检查，可以在管线施工前预知管线最低标高，避免管线安装后发现净高不足的问题，节约人力和时间成本。

第 22 章* 洞梁间距

洞梁间距

22.1 应用点价值

根据国家相关规范的设计要求，门窗洞口到梁底的高度小于过梁高度时可以采用圈梁代替过梁或者框架梁与过梁整浇来处理的方案，如图 22－1 所示。在实际施工过程中，由于主体结构和二次结构施工顺序的原因，往往施工单位很难发现洞梁间距过小的问题，事后再去处理，就会出现达不到设计要求的结果。鲁班洞梁间距的功能可以直接快速地检索出不满足设置条件的门窗洞口的位置，协助施工单位及时发现问题。

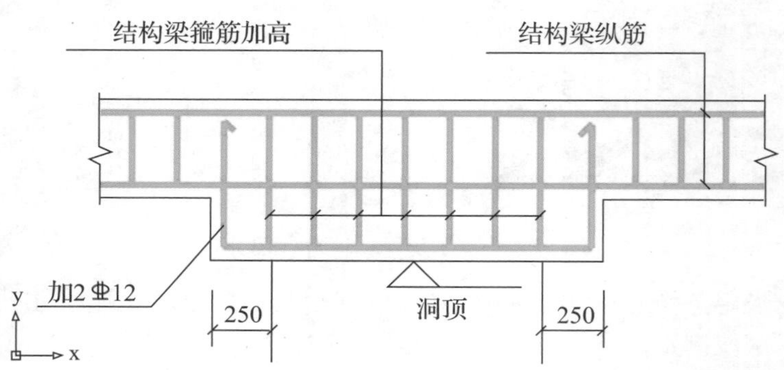

图 22－1 梁洞间距局部图

22.2 操作步骤

22.2.1 选择检查界面

点击“PBPS”→“洞梁间距”软件自动弹出洞梁间距检查的界面，对楼层、查找范围数值等进行选择，如图 22－2 所示。

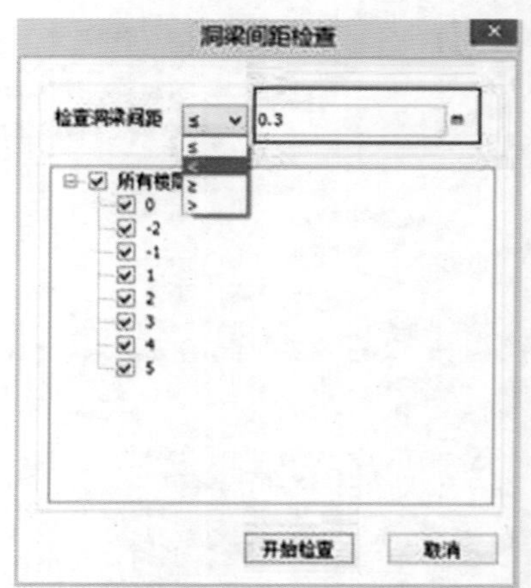

图 22－2 选择界面

22.2.2 检查项目

1）项目选择之后进行检查，会显示出对该项目所检查出的一系列不合理之处，如图 22－3 所示。

2）根据检查出的项目对现场进行施工交底，相关的文档报告要结合实际模型定位到该处。

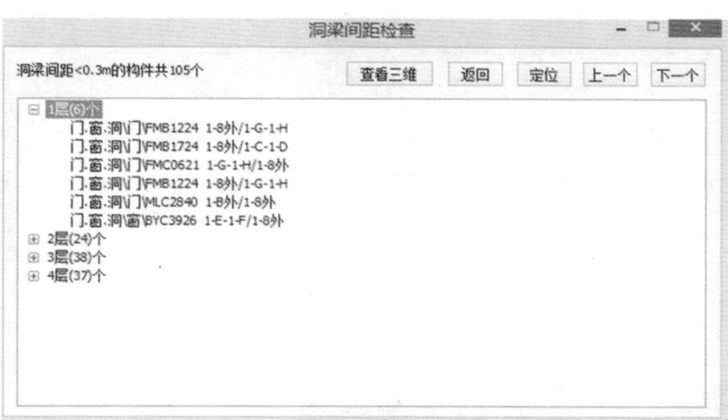

图 22－3　检查出的构件

22.2.3　相关报告

工程名称：某商业广场项目　　　　编号：

<table>
<tr><td>交底单位</td><td colspan="2">鲁班工程顾问有限公司</td><td>接受交底单位</td><td colspan="2">某商业广场项目部</td></tr>
<tr><td>交底日期</td><td colspan="2">2016 年 11 月</td><td>分项工程名称</td><td colspan="2"></td></tr>
<tr><td>交底名称</td><td colspan="5">洞梁间距技术交底</td></tr>
<tr><td colspan="6">说明：
根据××年××月××日版图纸设计要求，对关于施工过程中洞梁间距查找注意事项进行交底。
通过 BIM 系统洞梁间距检查功能，共查出该项目共计存在 105 处此类问题。</td></tr>
<tr><td>审核人</td><td></td><td>交底人</td><td></td><td>班组代表</td><td></td></tr>
</table>

22.2.4　洞梁间距信息

<table>
<tr><td></td><td>构件：门窗洞口/门/FMB1224
轴网：1－8/1－G－1－H
位置：距 8 轴 300mm；距 C 轴 3550mm
备注：经检查该处框架梁与门窗洞口间距≤0.3m</td></tr>
<tr><td>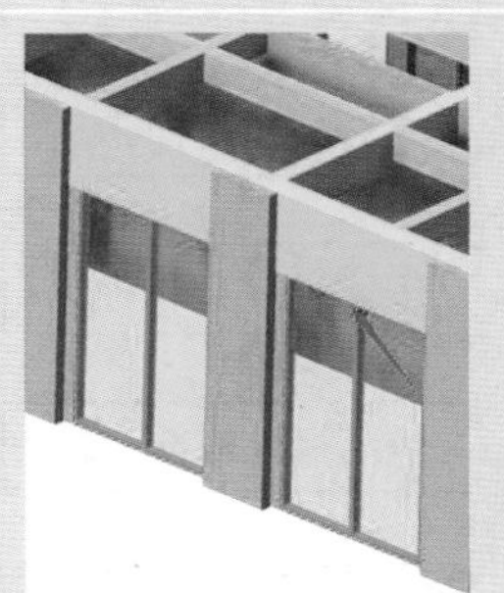</td><td>构件：门窗洞口/门/FMB1724
轴网：1－13－1－14/1－D－1－E
位置：距 13 轴 900mm；距 D 轴 1200mm
备注：经检查该处框架梁与门窗洞口间距≤0.12m</td></tr>
</table>

第23章* 生成剖面图及图纸标注

土建平剖面图　　机电生成剖面及图纸标注

23.1 应用点描述

剖面图又称剖切图，是通过对有关的图形按照一定剖切方向所展示的内部构造图例。剖面图是假想用一个剖切平面将物体剖开，移去介于观察者和剖切平面之间的部分，对于剩余的部分向投影面所做的正投影图。剖面图一般用于工程中补充和完善设计文件，是工程施工图中的详细设计，用于指导工程施工作业。

“生成剖面图”功能是土建（安装）专业经常使用的功能。对于土建中的复杂节点、土方开挖示意图或安装专业的“管线优化对比图”“净高检查”等项，可直接用“生成剖面图”功能出具对各个专业的空间位置及相应标高等详细的平、立剖面图。

关于“快速标注”，土建、安装专业有几种方式：“引线标注”“沿线标注”“公用引线”“对齐标注”“剖面标注”“标高标注”“土方标注”“坡度标注”“点标注”“间距标注”。根据以上快速标注，可以将土方生成平、立面图，并标注放坡高低差。安装专业在几种管道同时存在且比较密集的情况下可以使用“公共引线”。在有降板的区域情况下可以使用“间距标注”“标高标注”。

23.2 应用价值

模型生成剖面图：通过BIM模型截面的剖切图快速生成剖面图，可对剖面图中构件添加标高、间距等标注，方便指导现场施工。

找出区域内复杂节点生成剖面图并与现场施工人员进行交底，达到施工前分析部署复杂节点的布置方式的目的。

23.3 实施方法

实施过程如图23－1所示。

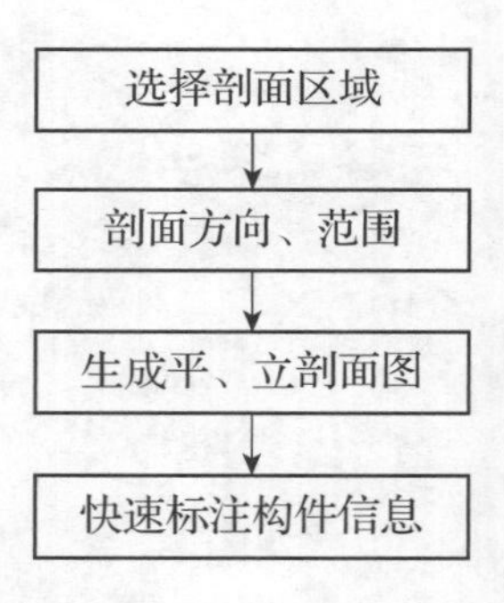

图23－1　实施过程

23.4 操作步骤

23.4.1 生成剖面图

点击“PBPS”→“生成图纸”→“绘制剖面”（“生成剖面图”/“生成平面图”），如图23－2～图23－4所示。使用该功能可快速生成工程中某区域的剖面图或平面图，并对构件信息问题标注以及三维显示构件相互间的关系。

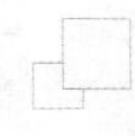

图 23－2 绘制剖面图

图 23－3 “生成剖面图”对话框

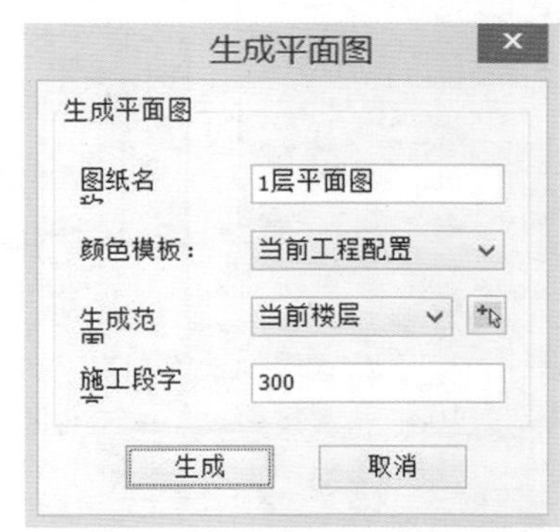

图 23－4 “生成平面图”对话框

点击“绘制剖面”进行剖面图绘制，软件提示指定剖切起点，之后提示继续指定剖切点，两个剖切点选择完毕后，继续指定剖切点或单击鼠标右键确定剖面。

“生成剖面图”的剖面图选项含义如下：

图纸名称：可编辑生成的剖面图名称。

颜色模板：可选择颜色模板。

管线边线加粗：可对剖面图的管线边线加粗。

建筑截面加粗：可对剖面图的建筑物截面加粗。

土建构件材质填充：可填充土建构件剖面图的材质。

显示中心轴线：可选择轴线颜色。

注：土建该项功能同安装专业。

23.4.2 动态预览

点击按钮可进行模型动态预览，在三维模式下查看截取面，如图 23－5 所示。

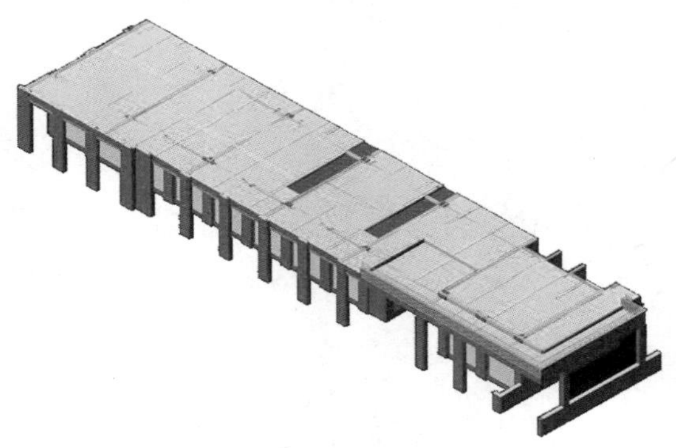

图 23－5 动态预览

23.4.3 剖面图

点击“生成”按钮即可生成剖面图，选择插入点单击鼠标左键完成剖面图的绘制，如图 23－6所示。

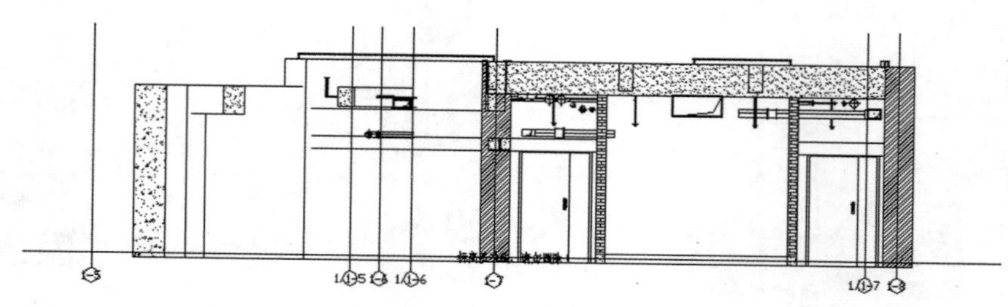

图 23－6　剖面图

点击[工具栏图标]可对剖面图中构件的高度、间距等信息进行标注，方便现场人员对照图纸施工，如图 23－7 所示。

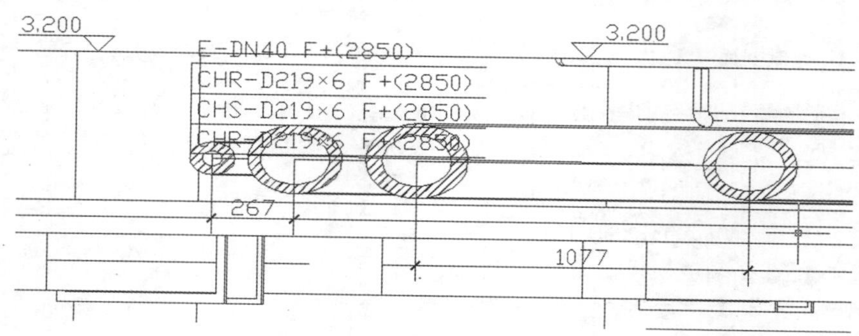

图 23－7　构件标注

生成平、立剖面图是鲁班 BIM 在运维阶段的众多功能之一。在施工时，遇到疑难节点时，可以通过生成剖面图的方式来测算具体的位置及排布方式；生成平面图的方式来确定构件的具体位置。在综合模型中对某个区域的空间和相应的管线参数信息进行查看，可通过"绘制剖面"功能进行自由绘制，生成后的剖面图可通过快速标注信息完成参数信息的标注。可直接生成平面图，指导班组整体协调施工；避免重复画图与施工；在工程完工后也可以将输出平面图作为竣工图纸。

第 24 章* 预留洞口

预留洞口

24.1　应用点描述

为了贯彻安全生产的方针，加强施工现场管理，保证相关人员在生产过程中的安全和健康，每个建筑施工公司都会制订相关的规程。本章节讲述适用于国内施工的工业与民用房屋建筑及一般构筑物洞口、临边作业。所指的洞口、临边作业，须符合国家标准《建筑施工高处作业安全技术规范》（JGJ 80—2016）中相关的内容。洞口有相关预留问题应结合前章所讲“临边防护措施”一起操作使用。

24.2　应用价值

结合土建模型和管线综合模型确定砌筑预留洞，并给出砌筑预留洞图纸。提前预留砌筑洞口，降低机电施工时穿墙打洞的成本，提高了施工效率；同时，可以完全按照管线综合模型施工，更加体现管线综合的价值；提前预留洞口，使墙体更加完整美观，加上预留洞有过梁，比临时凿洞更加安全，同时为管线施工带来极大的方便，降低了二次凿洞的成本，避免事后剔凿对结构造成影响。

24.3　操作步骤

具体操作步骤同“碰撞”管线综合后，将安装模型与土建模型合并后的模型导入 Luban BIM Works 进行碰撞检查，结合碰撞结果筛选出管道与墙体发生碰撞的部位，直接出具相应的预留洞口报告。

24.3.1　预留说明

1）本次混凝土墙体预留洞口的定位参考结构施工图纸。

2）本次管线预留洞口，依据现有图纸的标高系统，因机电安装未做深化设计，故预留洞口位置只能做参考，需要与现场施工协商后方能最终确定。

3）具体情况可进入 Luban BIM Works 系统中查看。

4）本工程共发现墙体预留洞口：61 个，其中“－1 层”（土建＋给排水＋电气＋暖通＋消防）预留洞口 28 处；“－2 层”（土建＋给排水＋电气＋暖通＋消防）预留洞口 33 处。

24.3.2　预留洞口报告

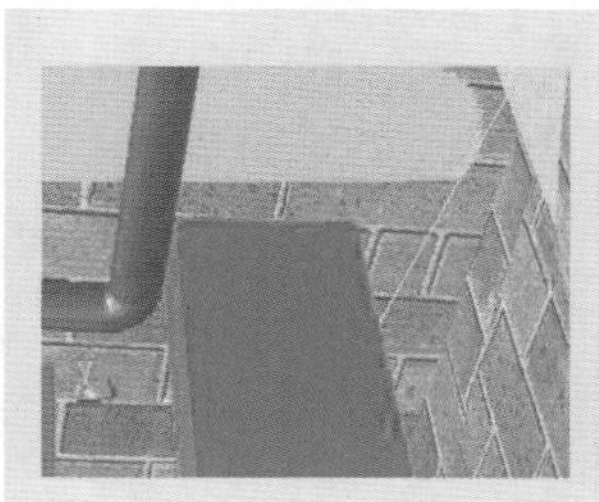

名称： 碰撞 1
构件 1： 土建 \ 梁 \ 框架梁 \ HKL－23（5）（底标高＝4200mm）
构件 2： 电气 \ 电缆桥架 \ 桥架 \ 动力槽式桥架 －400×200（底标高＝4000mm，顶标高＝4200mm）\ 动力槽式桥架
轴网： 1－9－1－10/1－H－1－G
位置： 距 1－9 轴 2110mm；距 1－H 轴 90mm
碰撞类型： 已核准

（续）

	**名称：** 碰撞2 **构件1：** 土建\梁\框架梁\HKL-29（4）（底标高=4450mm） **构件2：** 暖通\水管\热供水管\CHS-*DN*25（*H*=4400mm）\空调冷热水供水管 **轴网：** 1-11-1-12/1-F-1-E **位置：** 距1-11轴1651mm；距1-F轴193mm **碰撞类型：** 已核准
	**名称：** 碰撞3 **构件1：** 土建\梁\框架梁\HKL-29（4）（底标高=4450mm） **构件2：** 暖通\水管\热供水管\CHS-*DN*25（*H*=4400mm）\空调冷热水供水管 **轴网：** 1-10-1-11/1-F-1-E **位置：** 距1-11轴3880mm；距1-F轴154mm **碰撞类型：** 已核准
	**名称：** 碰撞4 **构件1：** 土建\梁\框架梁\HKL-29（4）（底标高=4450mm） **构件2：** 暖通\水管\热供水管\CHS-*DN*25（*H*=4400mm）\空调冷热水供水管 **轴网：** 1-11-1-12/1-F-1-E **位置：** 距1-11轴468mm；距1-F轴185mm **碰撞类型：** 已核准

在前期管线综合优化排布和确认的基础之上，进行孔洞定位，查找出地下区域混凝土墙预留洞口，-1层预留洞口28个，-2层预留洞口33个（详见预留洞口成果报告），共计预留洞口61个。由于有管线综合的基础，可有效地避免后期因为定位不准重新开凿和影响管道排布。以平面图的形式进行交底沟通，大大地节约了沟通时间成本。生成的预留洞口报告不仅能显示洞口个数，更能指导现场施工，准确定位洞口位置，使现场整洁美观，同时准确的开口位置也能够减少后期修补封口的工作量，节约工期，节省资金。

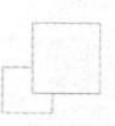

第 25 章 洞口编号自动排列

25.1 应用点描述

土建混凝土墙（现浇板）看不出洞口用途，应结合电气、暖通、给排水相应专业核对位置、尺寸，是否预埋、预留等问题，采取开洞的方式，这类开洞可以与门窗洞结合起来布置，不能结合时，可专设洞口之类。集水井洞口编号主要对其防护措施的数量做统计。板洞编号图可以结合临边防护措施对其一键生成栏杆。

25.2 应用价值

针对较大项目的现场施工，一般对于区域或者施工段划分的板洞、墙洞、集水井洞口等编号需要手动编制一系列的安全措施，而 BIM 算量增加洞口编号图功能，针对楼板板洞、满基洞口、墙洞洞口等按楼层或者是指定区域进行自动编号。编号前缀、起始编号可以根据项目需要、使用范围等自定义。名称中自动增加施工段名称进行标示区分，可自动读取洞口所在施工段。

25.3 实施方法

实施过程如图 25-1 所示。

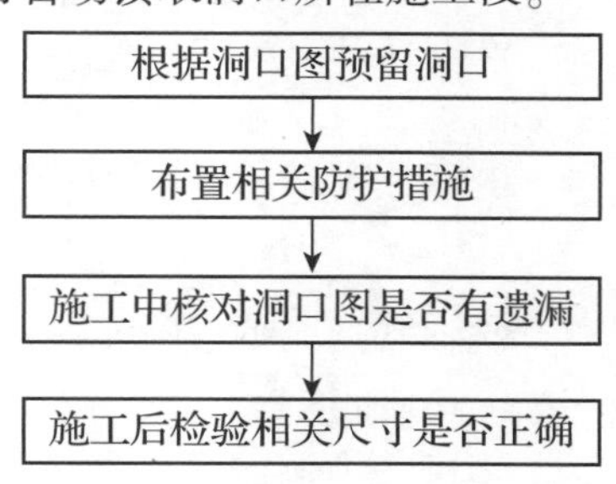

图 25-1 实施过程

25.4 操作步骤

25.4.1 选择界面

点击“生成图纸”→“板洞编号图”或“墙洞编号图”，如图 25-2、图 25-3 所示。

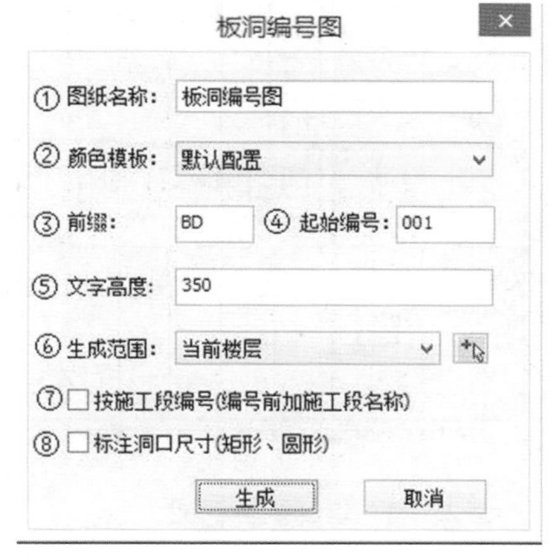

图 25-2 “板洞编号图”对话框

墙洞编号图
① 图纸名称: 1层墙洞编号图
② 颜色模板: 默认配置
③ 前缀: QD 起始编号: 001 ④
⑤ 文字高度: 350
⑥ 生成范围: 当前楼层
⑦ 标注洞口尺寸 ⑧ 标注洞底标高
生成 取消

图 25-3 “墙洞编号图”对话框

25.4.2 板洞编号图

①图纸名称：对图纸定义及内容概括的称呼。

②颜色模板：对图纸、边框等颜色进行修改选择。

③前缀：对图纸构件名称的减缩称呼（例如板洞：BD，集水井洞口：JD）。

④起始编号：对图纸区域或者整体范围编号的起始号做编排。

⑤文字高度：对输入图纸相关信息的内容字体大小做调整。

⑥生成范围：对模型所输出的相关信息的区域做选择（当前楼层或者指定区域）。

⑦按施工段编号：对输入模型所划分的区域的板洞及集水井洞口的编号进行排序（对其勾选按照划分的施工段的区域进行排序）。

⑧标注洞口尺寸：对模型要输出板洞编号图对应构件的相关信息进行标注（对其勾选会显示如名称、尺寸等信息）。

25.4.3 墙洞编号图

①图纸名称：对图纸定义及内容概括的称呼。

②颜色模板：对图纸、边框等颜色进行修改选择。

③前缀：对图纸构件名称的减缩称呼（例如墙洞：QD）。

④起始编号：对图纸区域或者整体范围编号的起始号做编排。

⑤文字高度：对输入图纸相关信息的内容字体大小做调整。

⑥生成范围：对模型所输出的相关信息的区域做选择（当前楼层或者指定区域）。

⑦标注洞口尺寸：对模型要输出板洞编号图对应构件的相关信息进行标注（对其勾选会显示如名称、尺寸等信息）。

⑧标注洞底标高：对模型中所输入图纸对应构件的底标高进行标注显示（对其勾选上）。

25.4.4 生成墙（板）洞图

根据“墙洞编号图”（“板洞编号图”）选项框所提示的进行设置，之后点击“生成”，墙（板）洞图如图 25－4 所示。

生成“墙洞编号图”或“板洞编号图”在施工前期可预防以下两点：

1）针对安全部门：预知在基础、楼层板上的洞口位置，提前制作临边洞口防护栏杆或者防护盖板。

2）针对施工部门：通过洞口编号图检查现场施工集水井、板洞、墙洞是否存在遗漏，洞口尺寸是否正确。

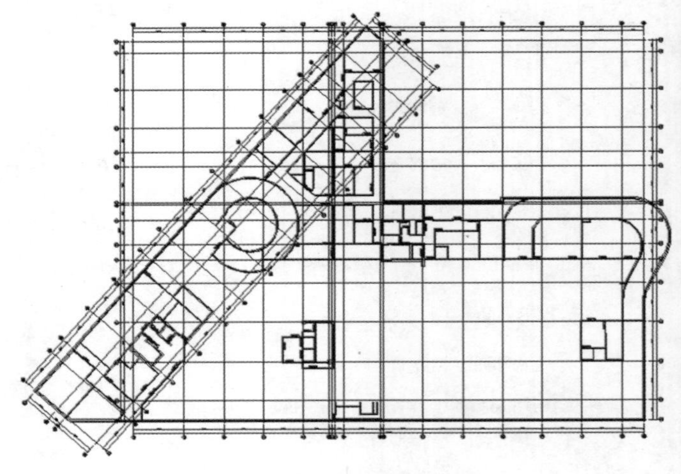

图 25－4 墙（板）洞图

第 26 章* 生成暗柱定位图

生成暗柱定位图

26.1　应用点描述

暗柱定位图，图纸在设计说明中明确“框架梁支在剪力墙上处设暗柱”“暗柱图纸与柱平面图不在同一张图纸上”时，可利用鲁班现有的钢筋 BIM 建模软件保存 LBIM 文件，导入土建 BIM 建模软件，在土建 BIM 建模软件“PBPS”功能里生成暗柱图纸，用于现场的指导施工。

26.2　应用价值

当实际工程结构施工图纸中，暗柱的平面定位图未在原有的柱平面图中单独列出，以及当图纸在设计说明中明确“框架梁在剪力墙上处设暗柱”而图纸中未明确标注该类暗柱的具体平面位置时，可以利用鲁班现有的钢筋、土建 BIM 建模软件快速生成暗柱平面定位图，指导现场施工，避免出现暗柱遗漏，后补钢筋导致连接锚固不达标、施工整体整顿、整修而造成工期延误等问题。

26.3　操作方法

26.3.1　图纸定位相关部位

图纸中的剪力墙暗柱并未在平面布置图中给出，为便于指导现场施工，需要生成剪力墙暗柱定位图，如图 26－1 所示。

26.3.2　钢筋格式输出导入

在钢筋 BIM 建模软件中，按照结构施工图中剪力墙暗柱的尺寸位置信息布置好后，点击“工程”→“保存. LBIM”（图 26－2），之后在土建中“打开. LBIM”格式即可（图 26－3）。

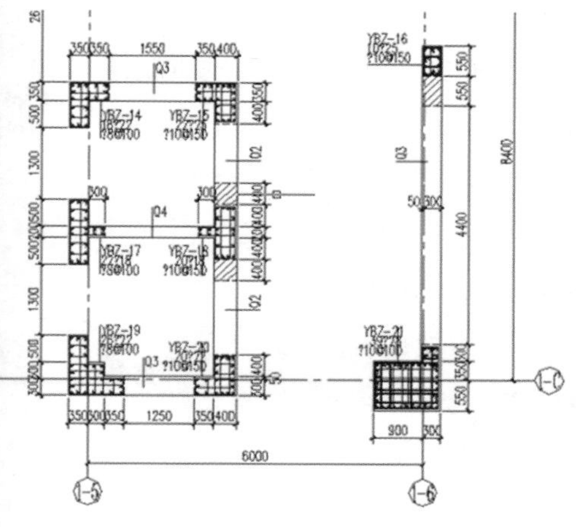

图 26－1　剪力墙暗柱定位图

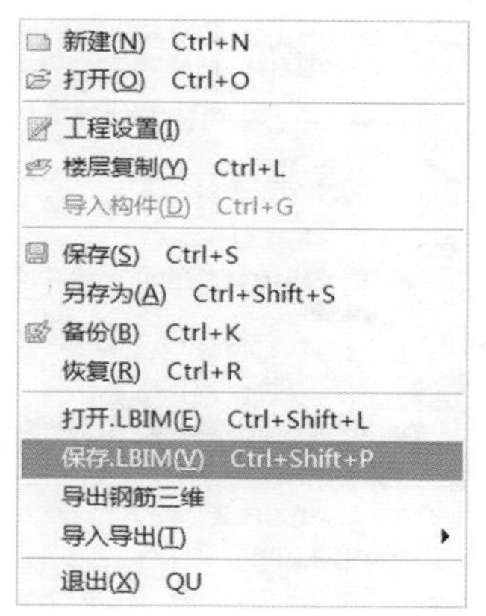

图 26－2　保存 LBIM 文件

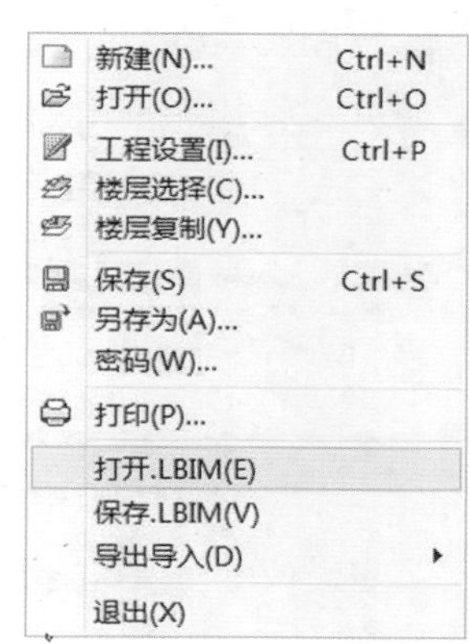

图 26－3　打开 LBIM 文件

注：保存 LBIM 格式之前需要将相关图纸进行清除，如图 26－4 、图 26－5 所示，工程基于 X、Y 轴坐标原点处，如图 26－6 所示。

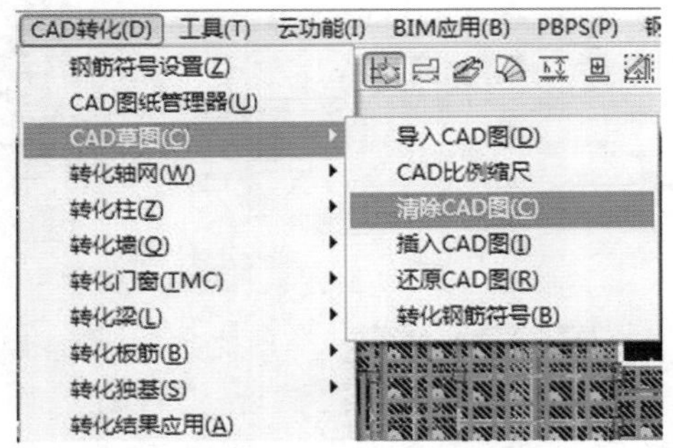

图 26－4　CAD 草图

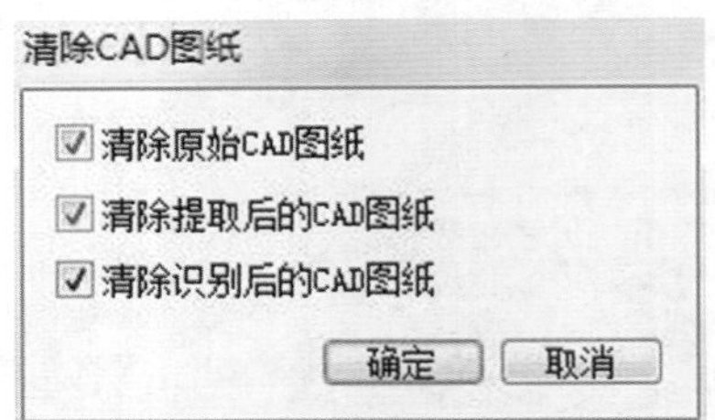

图 26－5　清除 CAD 图

26.3.3　模型界面选择

在模型界面点击“构件显示控制”对“暗柱”项进行勾选，如图 26－7 所示。

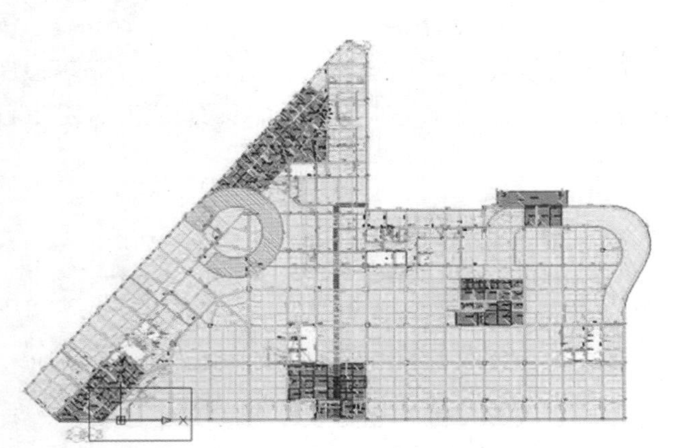

图 26－6　基于坐标原点

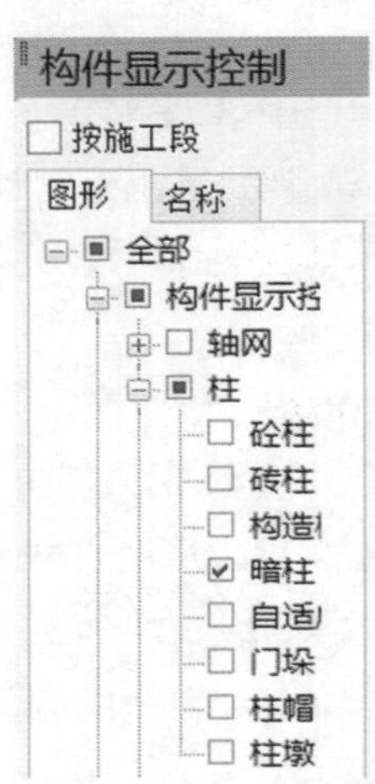

图 26－7　构件显示控制

26.3.4　生成图纸

点击“PBPS”下拉菜单“生成图纸”→“生成平面图”，如图 26－8、图 26－9 所示。

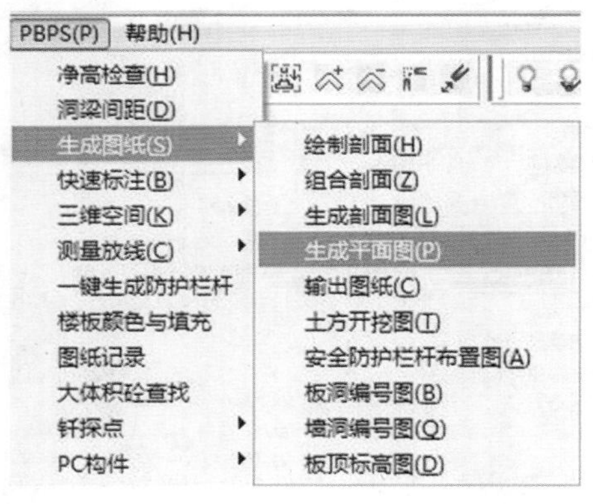

图 26－8　生成图纸

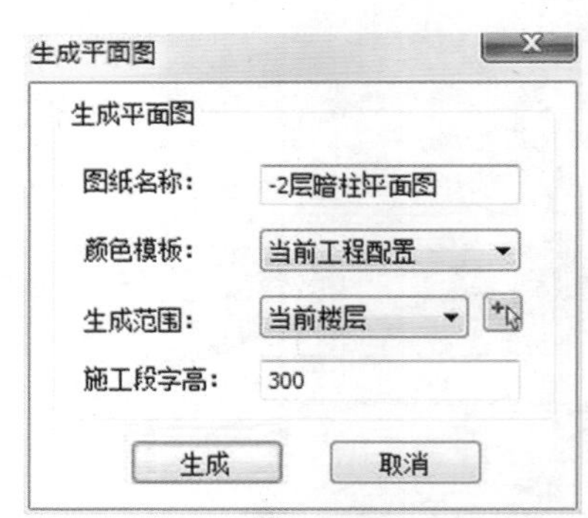

图 26－9　生成平面图

26.3.5　输出图纸

点击“PBPS”下拉菜单“生成图纸”→“输出图纸”，(图 26－10)，对其指定文件存放路径（图 26－11)，点击“保存”即可生成暗柱定位图，如图 26－12 所示。

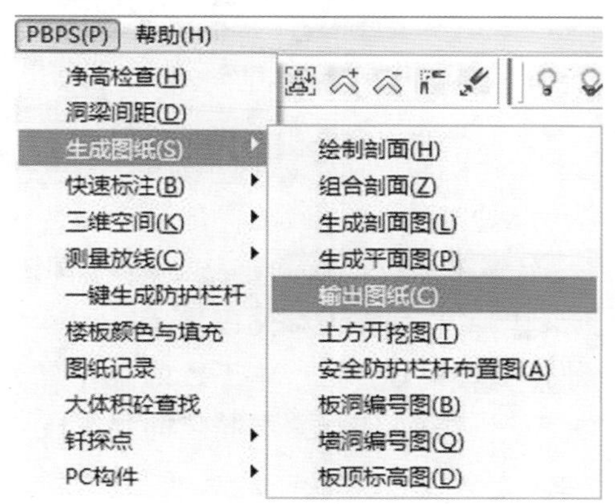

图 26－10　输出图纸

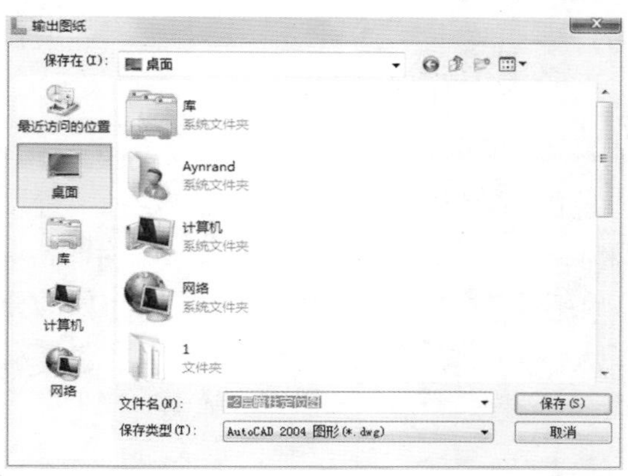

图 26－11　图纸保存

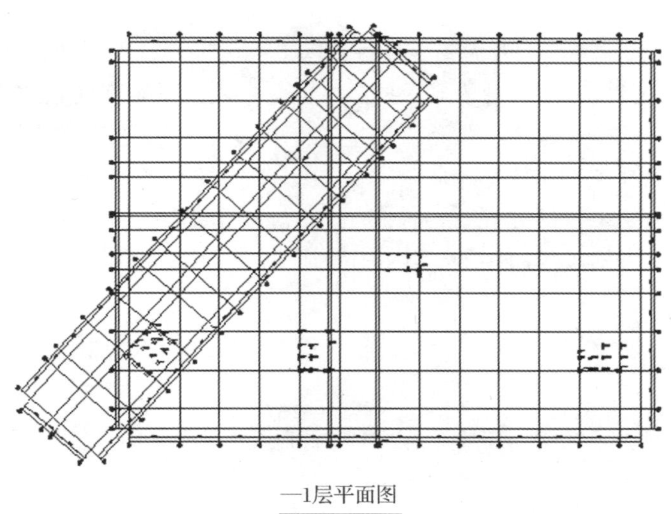

图 26－12　暗柱定位图

第27章* 划分施工段分区出量

土建施工段划分

钢筋划分施工段分区出量

27.1 应用点描述

施工段在组织流水施工时，通常把施工对象划分为劳动量相等或大致相等的若干段，这些段称为施工段。每一个施工段在某一段时间内只供给一个施工过程。在固定施工段的情况下，所有施工过程都采用同样的施工段，施工段的分界对所有施工过程来说都是固定不变的。在不固定施工段的情况下，对不同的施工过程分别规定一种施工段划分方法，施工段的分界对于不同的施工过程是不同的。固定的施工段便于组织流水施工，应用较广，而不固定的施工段则较少采用。

27.2 应用价值

土建（钢筋）：工程分区施工时需要统计各分区工程量进行过程管理，解决大型项目存在的分段投标、分段施工、分段计算、分段显示控制、分区报表出量等问题，便于工程报表的查量、核算。一个项目被划分给多家施工单位或者不同施工周期进行的施工项目分区出量时，便于工程的查量计算，大大提高了工作效率。

安装专业：在划分施工段的分界处构件实施打断，真正做到分区。电气专业构件不是实时打断，需要指定分区，做到了按回路划分。指定分区时可根据需要选择电气回路不含所连构件或电气回路含所连构件。

27.3 应用流程

技术负责人提供现场分区图，BIM工程师利用鲁班土建、钢筋、安装建模软件进行施工段布置，完成区域划分定位。设置及选择相应类别（如一次结构、二次结构等），按施工段分区计算完成施工段划分。

27.4 操作步骤

27.4.1 布施工段

1. 土建（钢筋）

点击“BIM应用”→“施工段”→“布施工段”（图27-1），软件会自动弹出布置施工段方式，包括矩形布置、自由绘制、点选生成和按后浇带自动生成四种布置方法，如图27-2所示。布置施工段方式的操作步骤见表27-1。

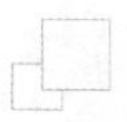

表 27－1 布置施工段方式的操作步骤

布置施工段方式	操作步骤
矩形布置	鼠标左击确定一点，再点击另一对角点形成矩形，来确定位置及大小
自由绘制	按照实际位置确定各个边界点，依次绘制 方法：与布置板——自由绘制方法完全相同
点选生成	按照提示，首先选择隐藏不需要的线条，然后点击封闭区域内某点，按封闭区域自动边线生成
按后浇带自动生成	点选此布置方式，软件自动根据后浇带边线与构件边的封闭区自定形成施工段

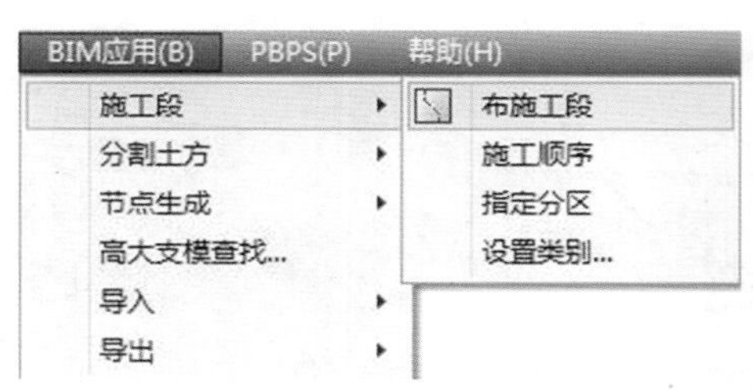

图 27－1 选择界面

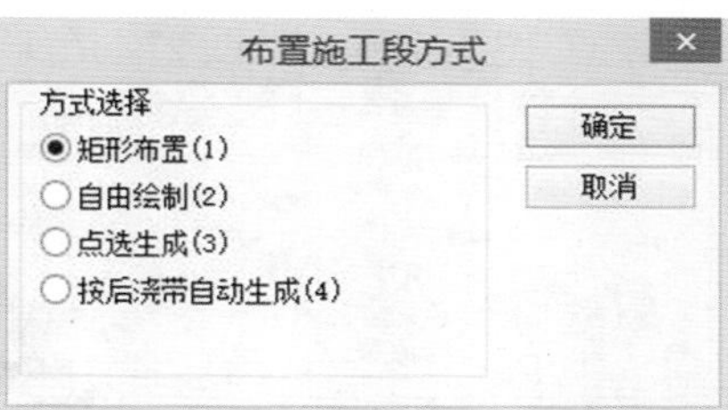

图 27－2 布置方式

2．安装专业

切换至建筑专业，点击“分区”，选择“施工段”布置分区，如图 27－3 所示。可根据需要使用“分区显示控制”对“显示选项”进行勾选，如图 27－4 所示。

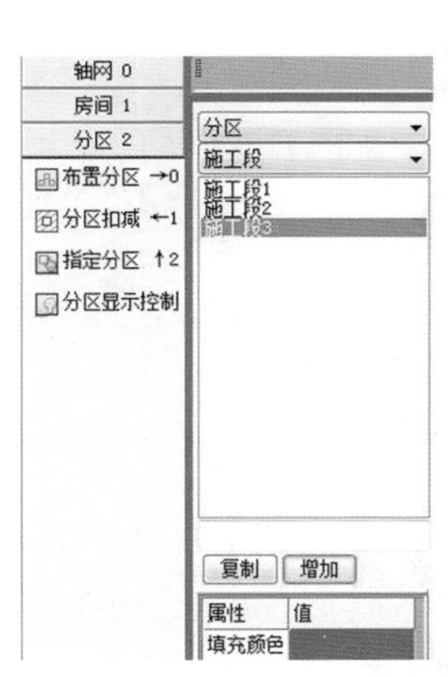

图 27－3 施工段定义

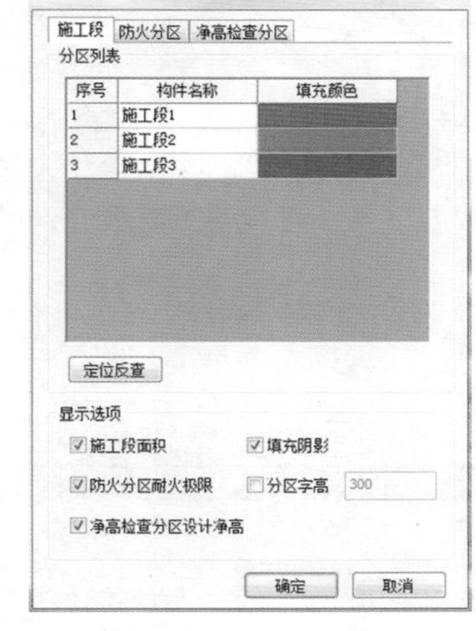

图 27－4 分区设置

注：电气专业需要使用“指定分区”命令对电气回路指定所属施工段。根据需要选择电气回路中构件是否跟随管线一同归属分区，如图 27－5 所示。提取电气回路完成后选择其归属的施工段即可，如图 27－6 所示。

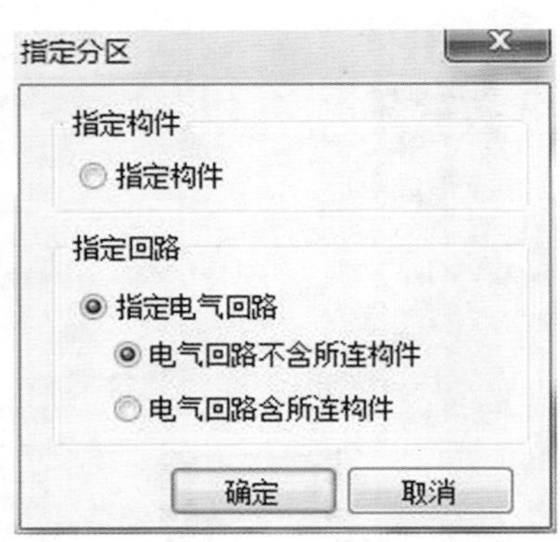

图 27－5　指定分区界面图

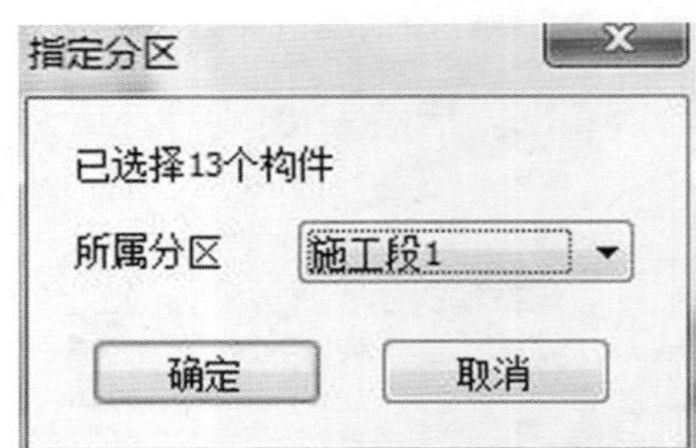

27－6　分区选择

对区域实施布置施工段，如图 27－7 所示。

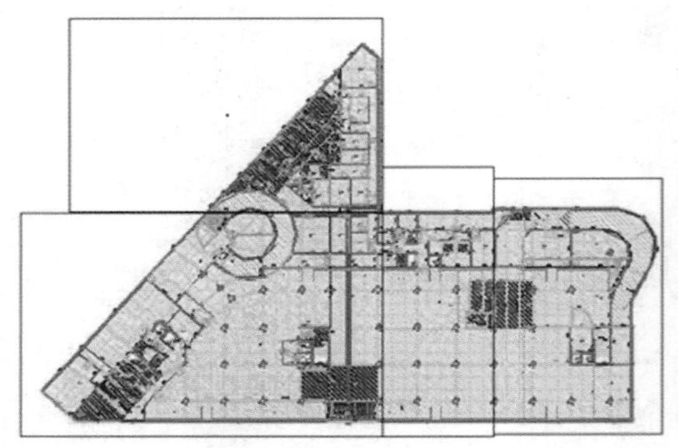

图 27－7　划分施工段

27.4.2　施工顺序

点击“BIM 应用”→“施工段”→“施工顺序”，如图 27－8 所示。

点击“施工顺序”，软件会自动弹出“施工顺序”的界面，如图 27－9 所示，通过“上移”“下移”设置不同的施工段，按照施工要求分别对施工顺序进行调整，调整完成点击“确定”。

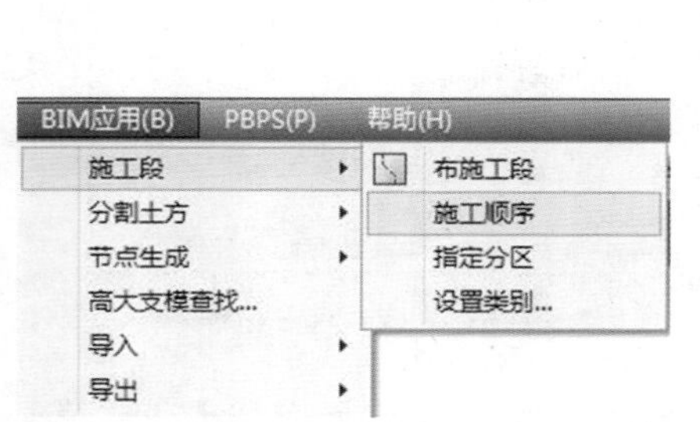

图 27－8　施工顺序选择

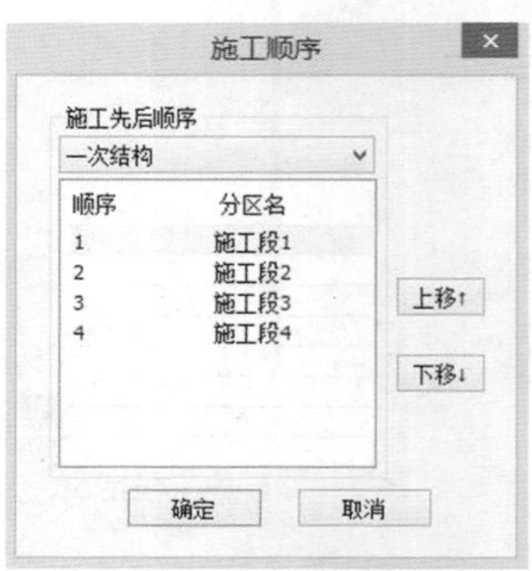

图 27－9　施工顺序设置

27.4.3　指定分区

点击“BIM 应用”→“施工段”→“指定分区”，如图 27－10 所示。

命令行提示："选择欲指定分区的构件"选择构件后，命令行提示："选择指定的施工段[恢复默认分区—R]"，软件会出现"指定构件分段"的对话框（图 27－11），选择可选的项目作为分区的构件，之后点击"确定"即可。

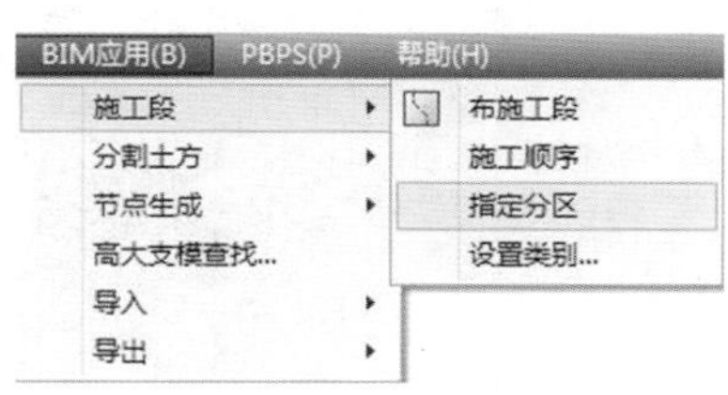

图 27－10　分区选择界面

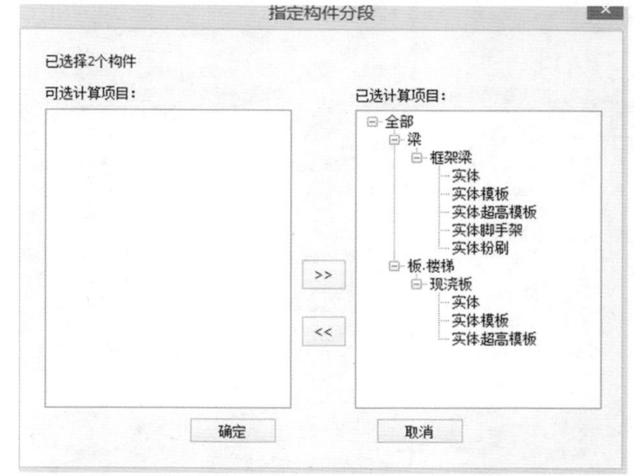

图 27－11　分区设置

27.4.4　设置类别

点击"BIM 应用"→"施工段"→"设置类别"，如图 27－12 所示。

弹出"类别"对话框，点击"…"可以对类别进行"新建"或"删除"等操作，对于新建的类别选择好相应计算项目后点击"确定"完成操作，如图 27－13 所示。设置好类型后，进入施工段属性定义页面，选择设置类型的构件，如图 27－14 所示。

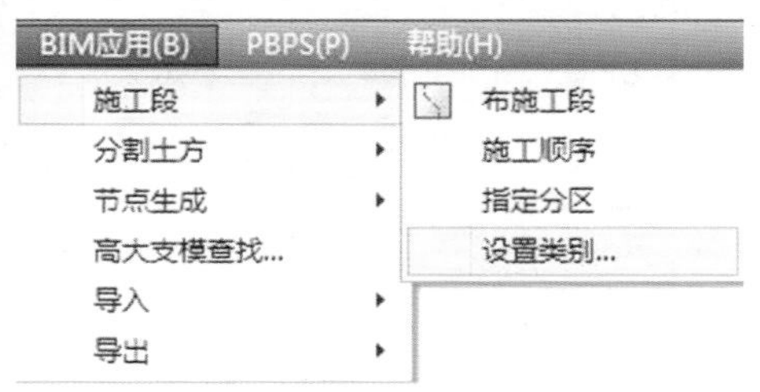

图 27－12　设置类别界面

图 27－13　类别定义

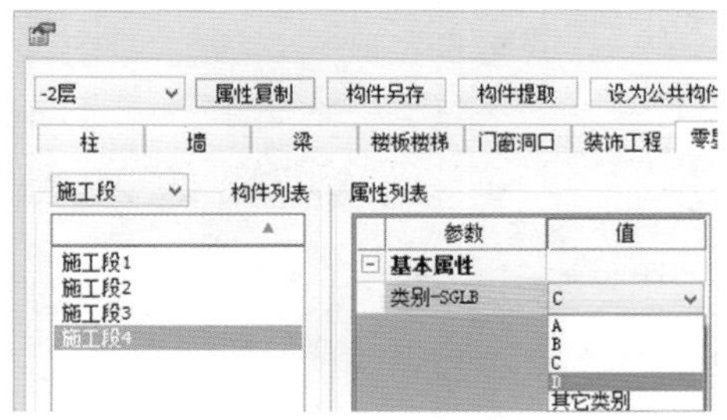

图 27－14　类别设置

27.4.5 计算出量

选择类别之后按划分好的区域施工段进行布置，点击“工程量计算”，按施工段进行计算，如图 27－15 所示。

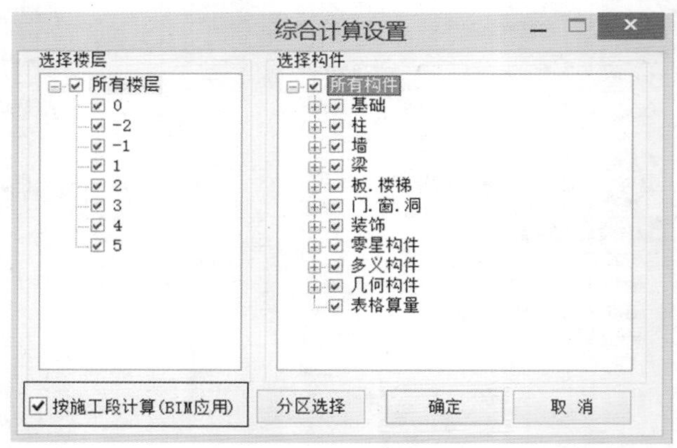

图 27－15 计算选择界面

1. 分区查看工程量

工程量计算之后进入报表查看所划分的施工段不同区域的工程量，如图 27－16 所示。

序号	项目编码	项目名称	计量单位	工程量	金额(元) 单价	合价	备注
		A.4 混凝土及钢筋混凝土工程					
1	010402001002	矩形柱 C40 柱高度;柱的截面尺寸;混凝土强度等级:C40;混凝土拌和料要求	m³	61.55			
2	010403002001	矩形梁 C40 梁底标高;梁截面;混凝土强度等级:C40;混凝土拌和料要求	m³	61.07			
3	010403002002	矩形梁 C40 梁底标高;梁截面;混凝土强度等级:C40;混凝土拌和料要求	m³	70.10			
4	010403002003	矩形梁 C40 节点 节点梁 梁底标高;梁截面;混凝土强度等级:C40;混凝土拌和料要求	m³	0.53			
5	010403002004	矩形梁 C40 坡道梁 坡道梁; 梁底标高;梁截面;混凝土强度等级:C40;混凝土拌和料要求	m³	0.39			
6	010404001001	直形墙 外墙 墙类型;墙厚度;混凝土强度等级:C40, P6;混凝土拌和料要求	m³	231.51			
7	010404001002	直形墙 内墙 墙类型;墙厚度;混凝土强度等	m³	86.45			

图 27－16 报表查看

2. 分区查看钢筋量

1）可用“选择单个构件查看”或“修改钢筋量”进行工程量的查看，如图 27－17 所示。

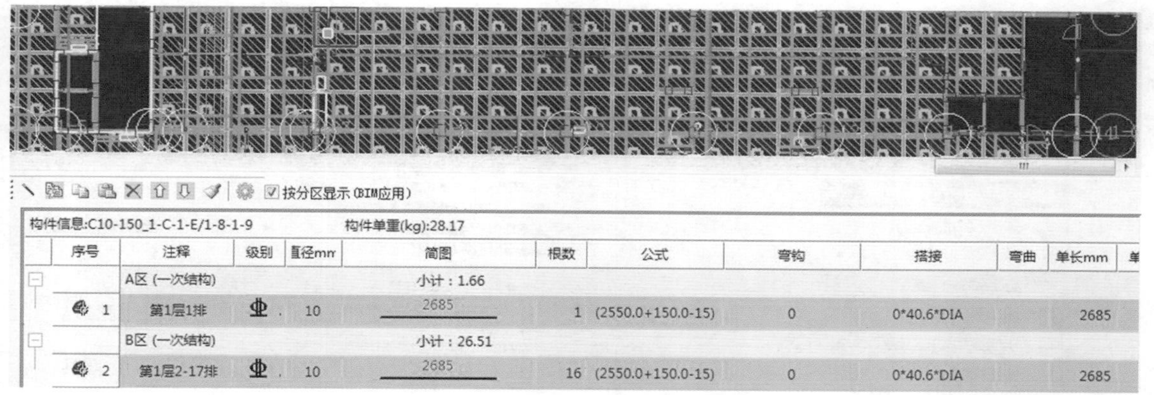

序号	注释	级别	直径mm	简图	根数	公式	弯钩	搭接	弯曲	单长mm
	A区(一次结构)			小计:1.66						
1	第1层1排	Φ	10	2685	1	(2550.0+150.0-15)	0	0*40.6*DIA		2685
	B区(一次结构)			小计:26.51						
2	第1层2-17排	Φ	10	2685	16	(2550.0+150.0-15)	0	0*40.6*DIA		2685

图 27－17 报表查看

2）报表系统中进行工程量的分区统计，钢筋量的查看如图 27－18 所示。

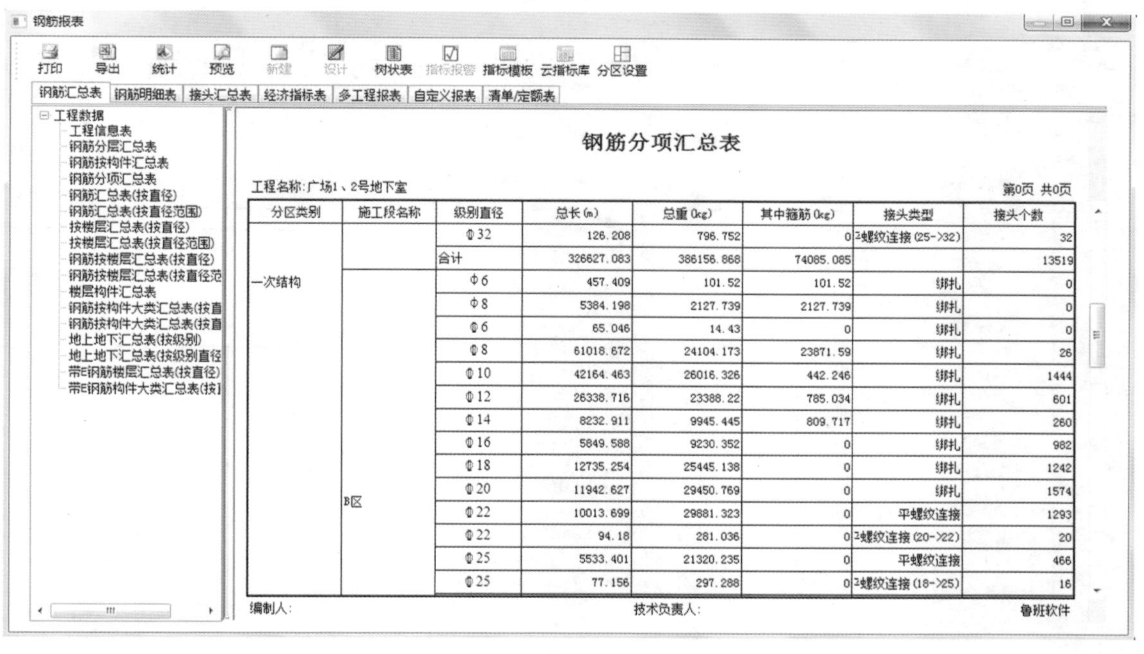

钢筋分项汇总表

工程名称:广场1、2号地下室　　　　第0页 共0页

分区类别	施工段名称	级别直径	总长(m)	总重(kg)	其中箍筋(kg)	接头类型	接头个数
一次结构		Φ32	126.208	796.752	0	2螺纹连接(25->32)	32
		合计	326627.083	386156.868	74085.085		13519
	B区	ϕ6	457.409	101.52	101.52	绑扎	0
		ϕ8	5384.198	2127.739	2127.739	绑扎	0
		Φ6	65.046	14.43	0	绑扎	0
		Φ8	61018.672	24104.173	23871.59	绑扎	26
		Φ10	42164.463	26016.326	442.246	绑扎	1444
		Φ12	26338.716	23388.22	785.034	绑扎	601
		Φ14	8232.911	9945.445	809.717	绑扎	260
		Φ16	5849.588	9230.352	0	绑扎	982
		Φ18	12735.254	25445.138	0	绑扎	1242
		Φ20	11942.627	29450.769	0	绑扎	1574
		Φ22	10013.699	29881.323	0	平螺纹连接	1293
		Φ22	94.18	281.036	0	2螺纹连接(20->22)	20
		Φ25	5533.401	21320.235	0	平螺纹连接	466
		Φ25	77.156	297.288	0	2螺纹连接(18->25)	16

编制人:　　　　技术负责人:　　　　鲁班软件

图 27－18 报表预览界面

3. 分区校验—安装

1）分区校验是 BIM 应用下的功能，可提取单个或多个施工段内的工程量，实现分区出量，如图 27－19 所示。

2）点击“工程量计算”计算，完成后使用“分区校验”命令，选择需要提取工程量的施工段，弹出如图 27－20 所示工程量信息。

3）打开计算报表点击“分区出量”选择“施工段统计”，勾选对应施工段，可在报表显示该施工段区域的所有工程量，如图 27－21 所示。

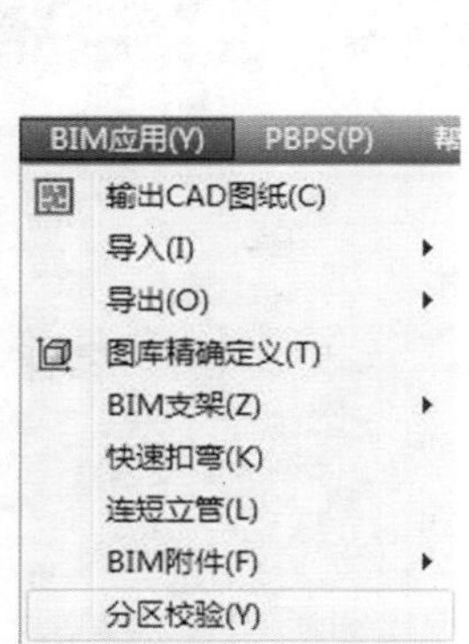

图 27－19　分区校验

分区校验

倍数：1　　施工段选择　条件统计　显示明细　输出Excel

已选择 1 个施工段，
共 384 个构件

全部
施工段1

序号	构件信息	单位	工程量
给排水			
1	不锈钢管-DN70（跨层）	m	4.40
2	不锈钢管-DN32（跨层）	m	4.40
3	高密度聚乙烯超静音排水管DN150…	m	27.00
4	高密度聚乙烯超静音排水管DN70（…	m	1.00
5	高密度聚乙烯超静音排水管De75	m	8.79
6	含油污水排出管De160（跨层）	m	5.40
7	排水用PVC-U-De50（跨层）	m	27.00
电气			
1	BV-2.5（跨层）	m	10.80
2	WDZB-BYJ-2.5（跨层）	m	0.00
3	WDZBN-BYJ-2.5（跨层）	m	0.00
4	YJV-4*16+1*10（跨层）	m	5.54
5	PC-20（跨层）	m	5.40
6	SC-50（跨层）	m	5.40
7	SC-20（跨层）	m	0.00

图 27－20　分区校验

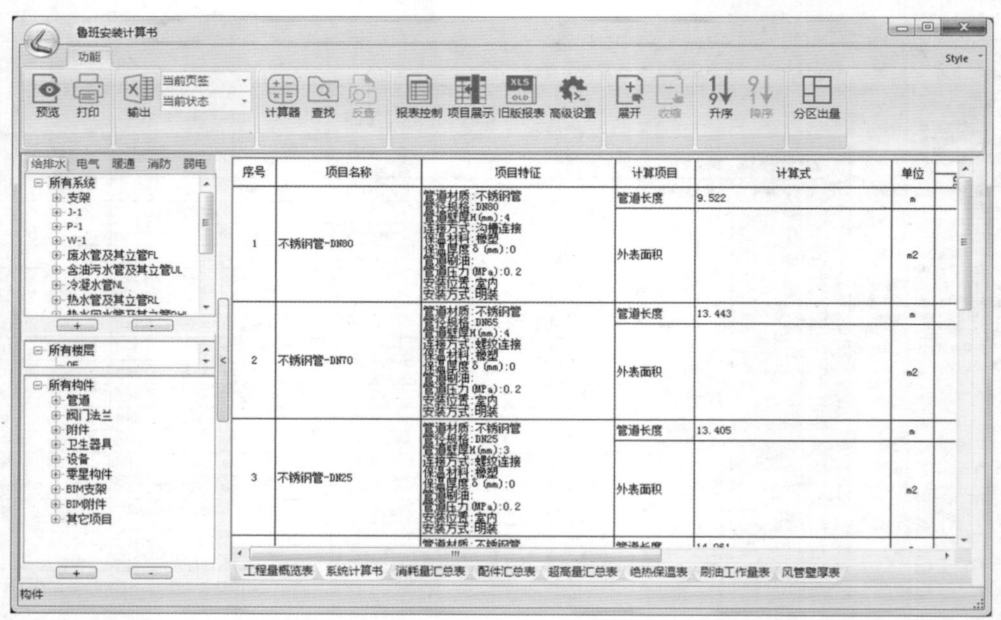

图 27－21　对应施工段区域的工程量显示

按照施工现场对施工区域的划分要求（区域划分图），运用鲁班土建建模软件对 BIM 模型进行相应区域划分，最后按施工段分区计算完成对模型的分区，导入 BIM 系统中实现分区提取数据及分区进度模拟。电气专业按回路指定施工段，更加符合现场施工需要。准确的分区工程量可协助现场人员编制材料采购计划，合理安排材料存放，减少二次搬运，保证施工进度。

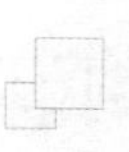

第 28 章* 土建安装碰撞检测并优化

土建安装碰撞检测并优化

28.1 应用点描述

碰撞检查是指提前查找和报告工程项目中不同部分之间的冲突。碰撞分为硬碰撞和软碰撞（间隙碰撞）两种，硬碰撞指实体与实体之间交叉碰撞，软碰撞指实体间实际并没有碰撞，但间距和空间无法满足相关施工要求。如：空间中两根管道并排架设时，因为要考虑到安装、保温等要求，两者之间必须有一定的间距，如果这个间距不够，即使两者未直接碰撞，但其设计是不合理的。目前 BIM 的碰撞检查应用主要集中在硬碰撞。通常碰撞问题出现最多的是安装工程中各专业设备管线之间的碰撞、管线与建筑结构部分的碰撞以及建筑结构本身的碰撞。

目前设计院全部都是分专业设计，机电安装专业甚至还要区分水、电、暖等专业，且大部分设计都是二维平面，要把所有专业汇总在一起考虑还要赋予高度变成三维形态，这个对检查人员的素质要求很高，遇到大型工程更是难上加难。后来才诞生了利用系统和软件进行碰撞检查的方式，系统直接把二维图纸变成三维模型并整合所有专业，如门和梁冲突，通过软件内置的逻辑关系可以自动查找出来，即所谓的碰撞检查。

28.2 应用价值

1）快速检查筛选碰撞点，针对复杂节点生成剖面图给出处理意见，指导现场施工。

2）可对碰撞点进行定位反查，在三维模式下查看 BIM 模型碰撞点。

3）对碰撞点问题处理方式进行标注，方便问题主次区分。

28.3 实施方法

基于算量 BIM 模型的碰撞检查服务是指利用土建算量软件和安装算量软件建立算量 BIM 模型，通过碰撞检查系统整合各专业模型并自动查找出模型中的碰撞点，用户只需提供已经完成的算量模型即可获得需要的碰撞检查报告。主要工作分为以下五个阶段：

第一阶段：土建、安装算量模型提交。

第二阶段：模型审核并修改。

第三阶段：系统后台自动碰撞检查并输出结果。

第四阶段：专家人工核对并查找相关图纸。

第五阶段：撰写并提供碰撞检查报告。

28.4 操作步骤

28.4.1 相关文件输出

打开安装（土建）专业算量软件，点击“工程”→“导入导出”→“生成碰撞”，选择需输出的楼层，确定基点坐标，导出碰撞文件（.hsf），如图 28－1、图 28－2 所示。

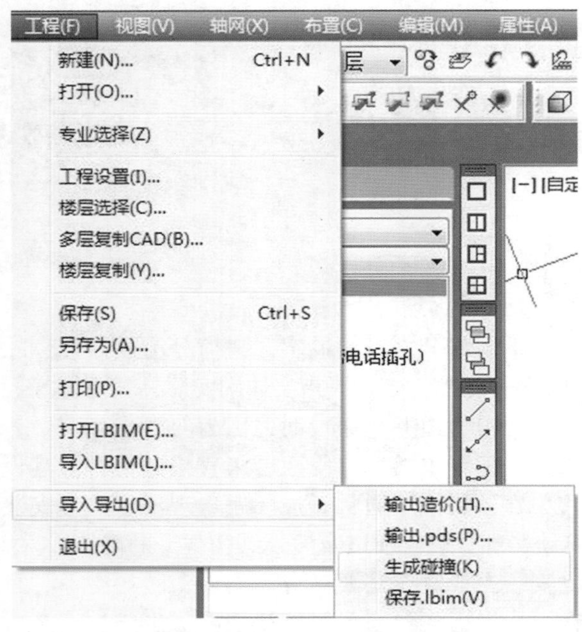

图 28－1　生成碰撞文件

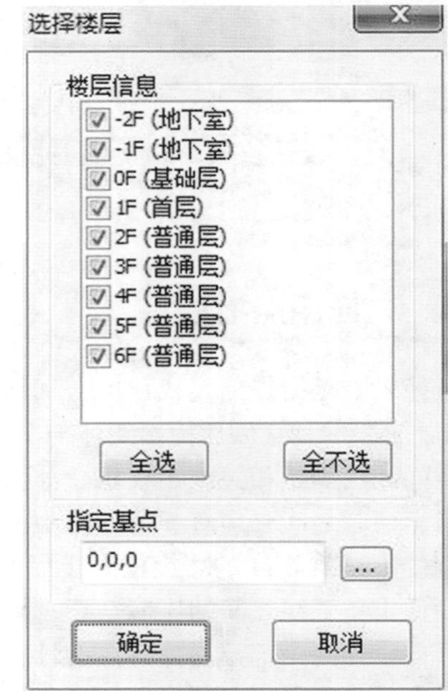

图 28－2　选择楼层

注：在导出碰撞文件（. hsf）时，需指定好基点，即结构与安装模型基点选择需一致。例如，安装各专业模型中（电气、给排水、暖通、消防）输出的基点为轴与轴的交点，则输出结构碰撞文件（. hsf）时也必须是轴与轴的交点（输出的坐标点可以不一致，但是轴线交点必须一致）。输出的碰撞文件（. hsf）可在工程文件夹中找到。

28. 4. 2　BW 系统运用

打开“BW”软件，输入用户名及密码，点击“登录”，如图 28－3 所示。出现的界面如图 28－4所示。

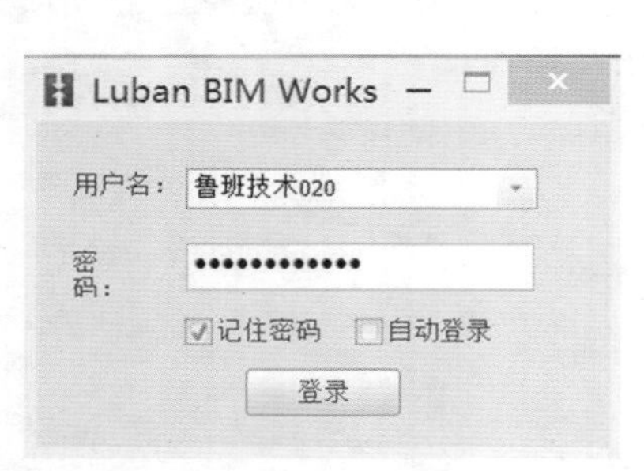

图 28－3　登录界面

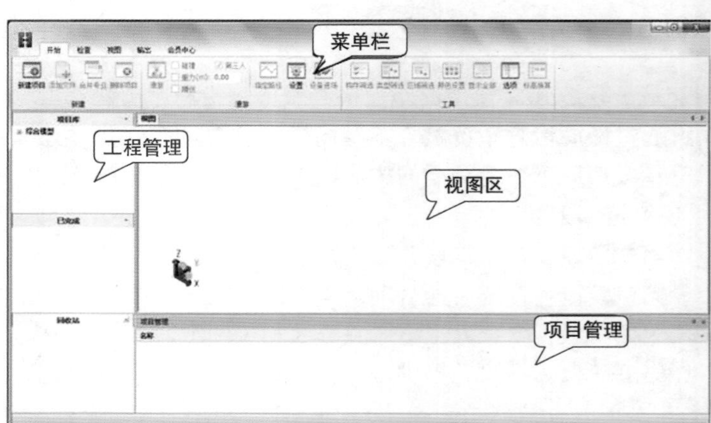

图 28－4　页面介绍

菜单栏：菜单栏是 Windows 应用程序标准的菜单形式。

工程管理：为该用户在服务器端的工程，包括项目库、已完成和回收站三种状态。

视图区域：显示 BIM 模型。

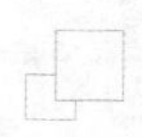

项目管理：显示某项目具体楼层名称。

28.4.3　新建项目

进入 Luban BIM Works 界面，点击“新建项目”会弹出“新建项目”对话框，输入需要碰撞的项目名称，点击“添加”，将已经输出好的碰撞文件添加到新建项目中，之后软件会自动上传碰撞文件到项目库，如图 28－5、图 28－6 所示。

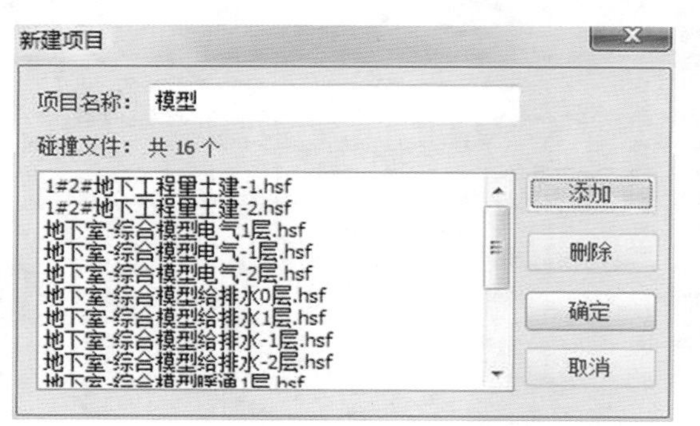

图 28－5　新建项目

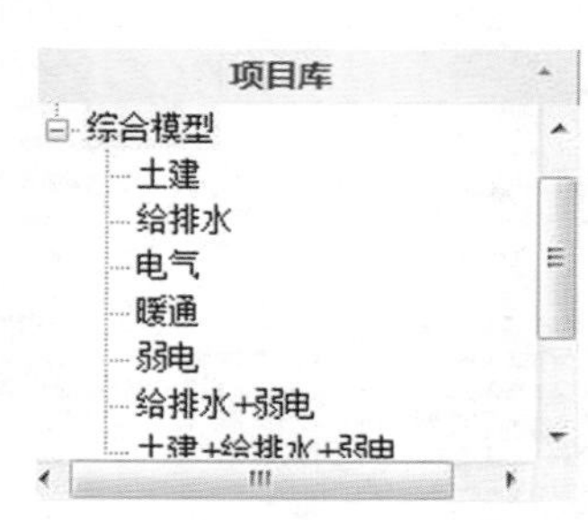

图 28－6　项目库

注：项目碰撞文件（.hsf）添加完成，发现缺少某专业，可点选对应选择项目名称点击“添加文件”对遗漏专业进行添加。

28.4.4　专业合并

1）点击项目库中的项目名称，点击“合并专业”会弹出“合并专业”对话框。对碰撞“专业”“楼层”进行勾选，如图 28－7 所示，之后点击“合并”。

2）将输出后的碰撞模型导入 BW 后，点击“合并专业”将各专业模型进行合并，如图 28－8 所示。

3）在项目库中对应的项目名称下可查看到已经合并的专业。选择项目名称为某商业广场，选择已合并的专业，点击“碰撞”进行开始检查，如图 28－9 所示。

图 28－7　专业合并　　图 28－8　合并专业界面　　图 28－9　选择碰撞专业

28.4.5　碰撞筛选

1）检查碰撞完成后，可在碰撞结果列表下查看结果，如图 28－10 所示。

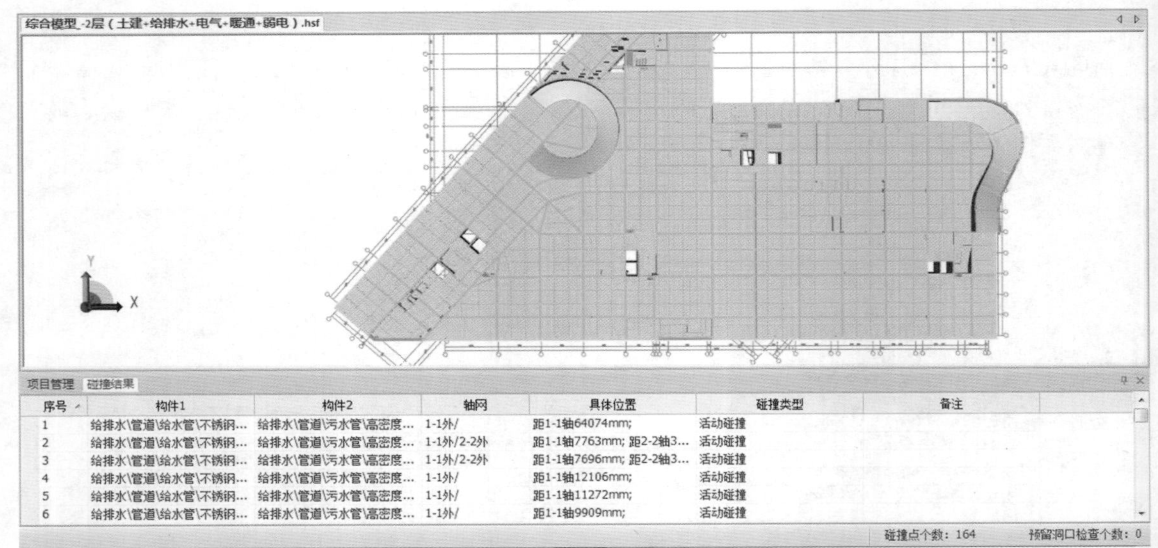

图 28-10　碰撞结果

2）点击对应的碰撞点可对碰撞点进行定位查看，点击后方的碰撞类型可对碰撞点的处理方式进行标注和筛选，如图 28-11 所示。

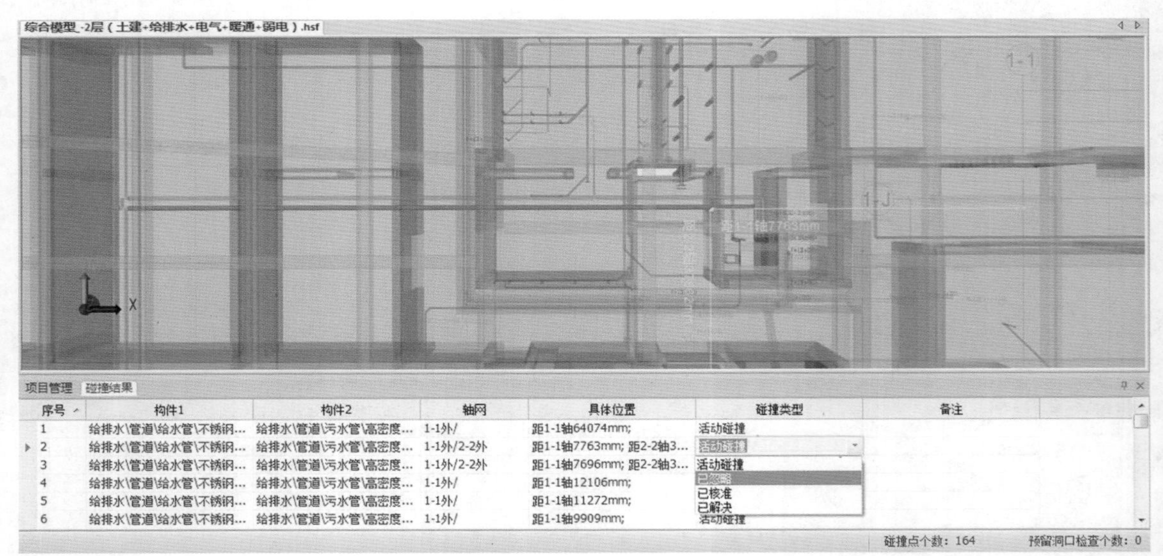

图 28-11　查看碰撞点

3）双击需要查看碰撞结果的序号，软件则会自动反查该序号碰撞节点，碰撞节点高亮提示，如图 28-12 所示，右击则退出反查。

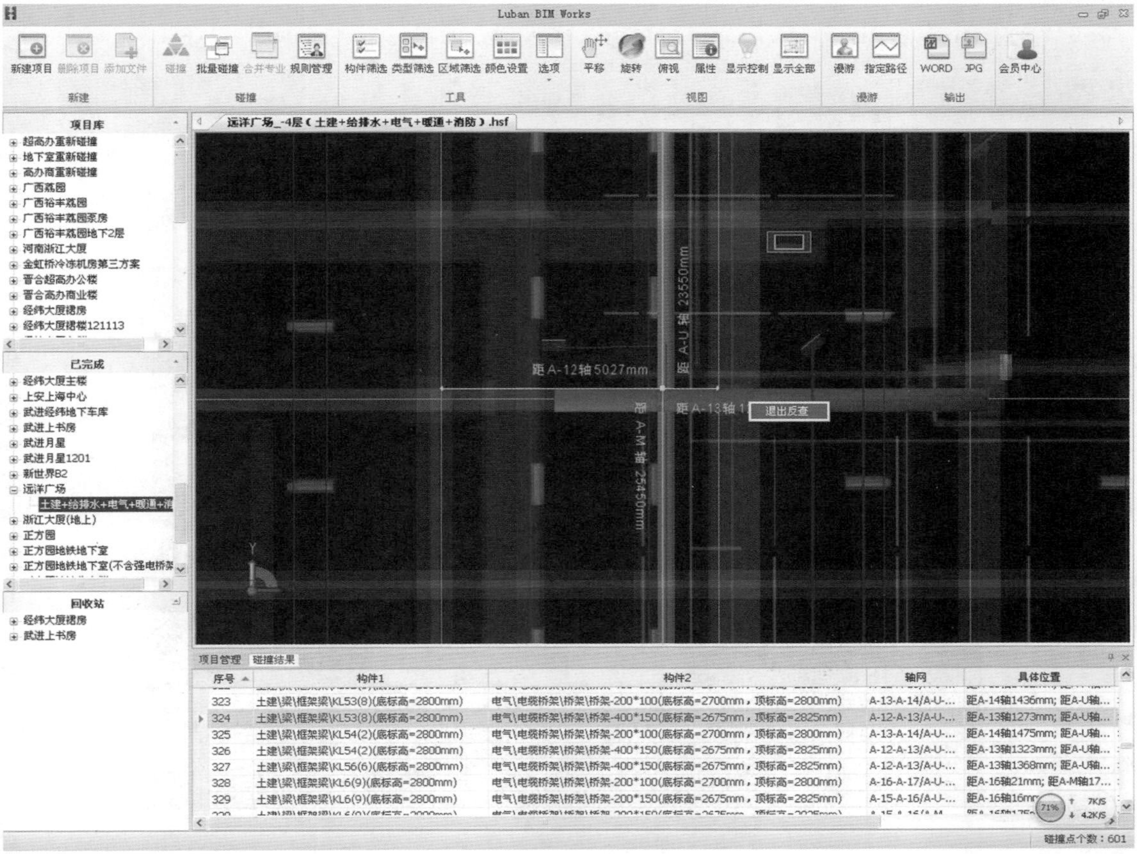

图 28－12　退出反查

4）显示控制：当右击退出反查，查看单构件之间的碰撞点，可运用“显示控制”对不需要的构件进行隐藏勾选，如图 28－13 所示。

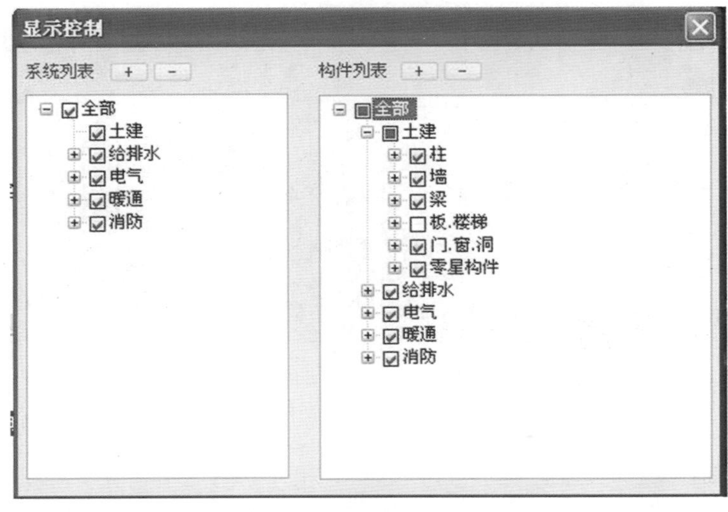

图 28－13　“显示控制”对话框

5）查看构件属性：点击“属性”之后对该构件进行选择便可查看构件的参数，如图 28－14 所示。

图 28－14　查看属性

6）颜色设置：可以对构件的颜色进行修改，使其与现场构件颜色吻合，增加美观感。点击“属性”后在“颜色”选项栏中修改构件的颜色，如把墙、柱、梁改为混凝土色，如图 28－15、图 28－16 所示。

图 28－15　颜色设置

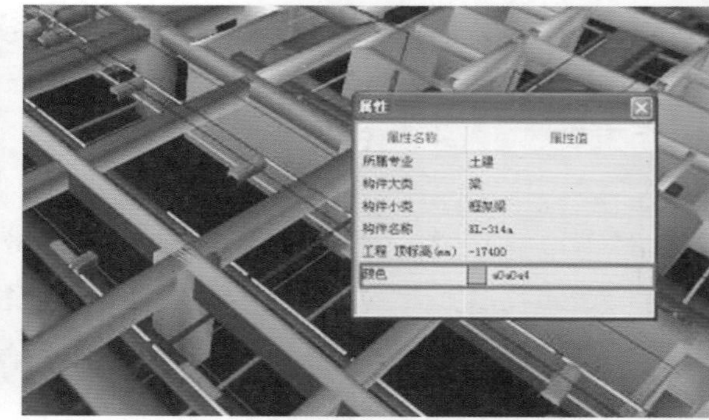

图 28－16　更改后效果

7）构件筛选：系统分析出来的碰撞结果需要人为分析哪些碰撞结果是可以忽略的。如直径小于 80 以下的管道可以忽略，点击“构件筛选”弹出“构件选择”对话框，对直径小于 80 以下的管道取消勾选，如图 28－17 所示。

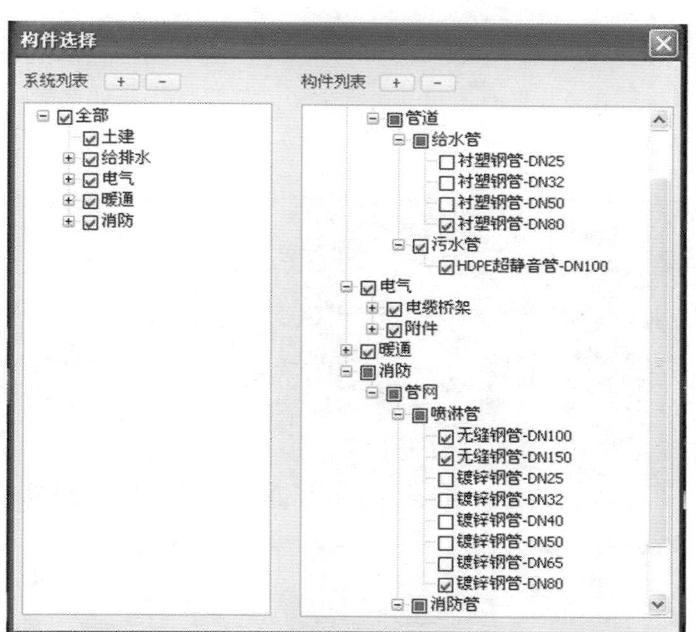

图 28－17　构件选择

8）碰撞类型：通过“构件筛选”，可初步筛选掉对施工影响不大甚至可以避免的一些碰撞，筛选出比较经典、复杂位置的碰撞。如桥架与混凝土墙碰撞，此处需做预留洞口，碰撞类型可选为：“已核准”，如图 28－18 所示（碰撞类型的分类，主要是为后续碰撞文件输出提供方便）。

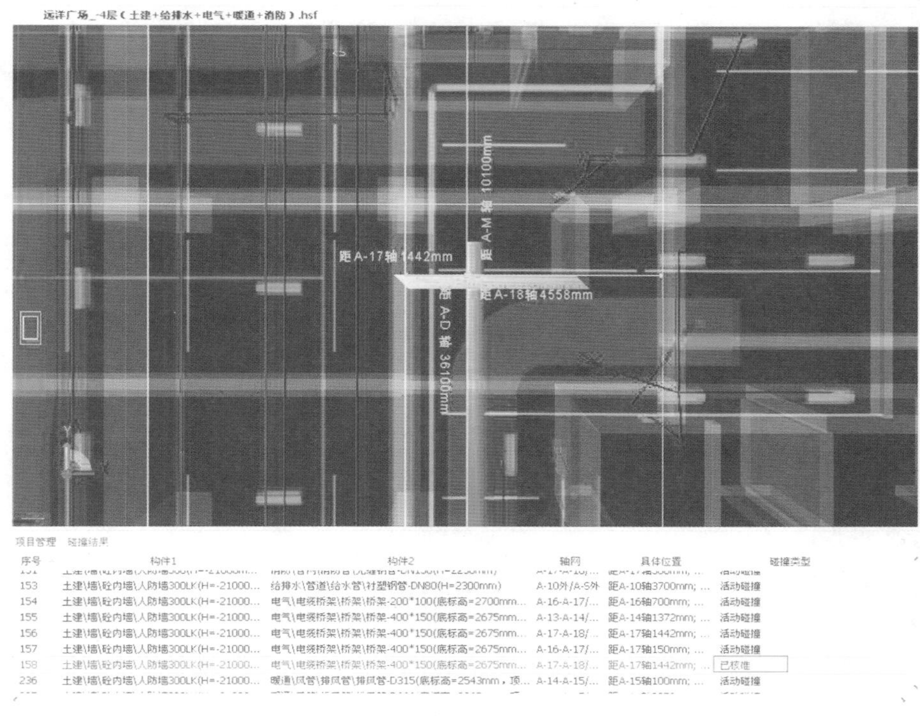

图 28－18　构件筛选

注：对筛选出的有价值的碰撞点，可进行备注，方便后续查图。如筛选出的碰撞点序号282，可在备注中加上“结施－08 和风施－05”，如图 28－19 所示。

复制功能：把鼠标放在备注框右下角，出现十字光标时按住鼠标左键往下拖，可进行连续复制；碰撞类型的筛选也支持此功能，如图 28－20 所示。

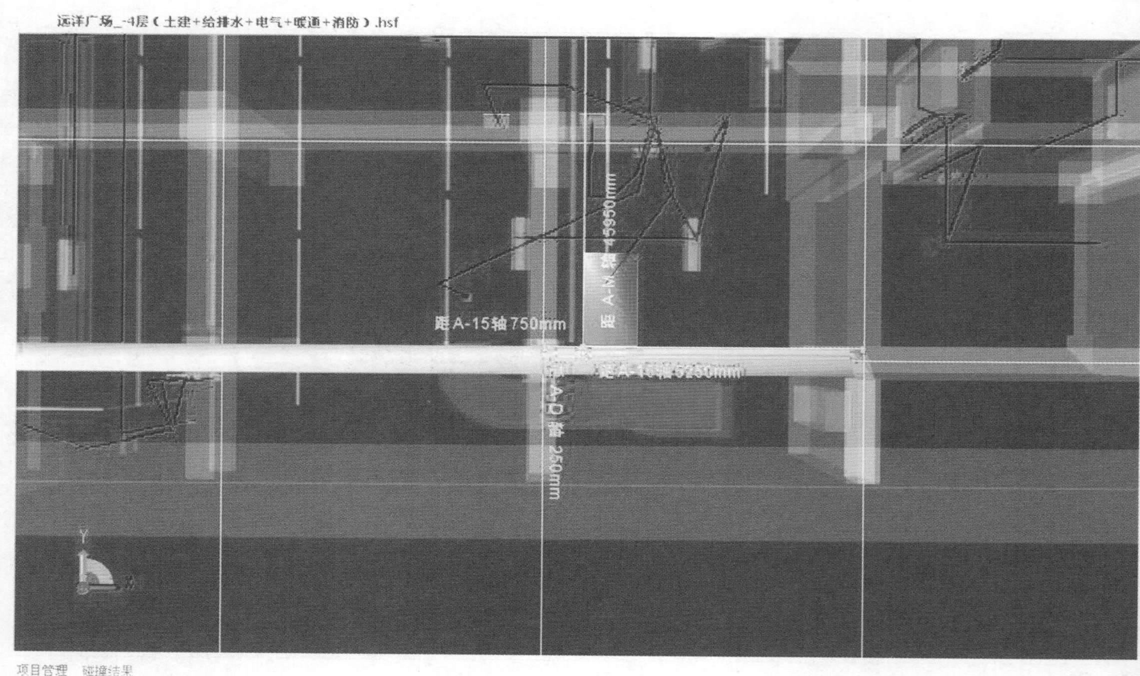

项目管理　碰撞结果

序号	构件1	构件2	轴网	具体位置	碰撞类型
281	土建\梁\框架梁\KL14(3)(底标高=2800mm)	电气\电缆桥架\桥架\桥架-200*150(底标高=2675mm...	B-B-A-11/A-...	距A-11轴250mm; ...	活动碰撞
282	土建\梁\框架梁\KL31(10)(底标高=2800...	暖通\风管\排风管\排风管-1000*1000(底标高=2000m...	A-15-A-16/...	距A-15轴750mm; ...	已核准
283	土建\梁\框架梁\KL32(4)(底标高=2800mm)	电气\电缆桥架\桥架\桥架-400*150(底标高=2675mm...	A-13-A-14/...	距A-13轴1037mm; ...	活动碰撞
284	土建\梁\框架梁\KL33(1)(底标高=2800mm)	电气\电缆桥架\桥架\桥架-200*100(底标高=2700mm...	A-17-A-18/...	距A-17轴2192mm; ...	活动碰撞

图 28－19　碰撞点备注

序号	构件1	构件2	轴网	具体位置	碰撞类型	备注
274	土建\梁\框架梁\KL10(10)(...	消防\管网\消防管\无缝钢管-...	A-13-A-14/A-M-...	距A-14轴235mm; 距A-D轴4...	活动碰撞	
275	土建\梁\框架梁\KL11(11)(...	电气\电缆桥架\桥架\桥架-2...	A-12-A-13/A-U-...	距A-13轴250mm; 距A-M轴1...	活动碰撞	
276	土建\梁\框架梁\KL11(11)(...	电气\电缆桥架\桥架\桥架-2...	A-12-A-13/A-U-...	距A-13轴250mm; 距A-M轴7...	活动碰撞	
277	土建\梁\框架梁\KL11(11)(...	电气\电缆桥架\桥架\桥架-4...	A-12-A-13/A-U-...	距A-13轴250mm; 距A-M轴1...	活动碰撞	
278	土建\梁\框架梁\KL11(11)(...	电气\电缆桥架\桥架\桥架-4...	A-12-A-13/A-U-...	距A-13轴250mm; 距A-U轴2...	活动碰撞	
279	土建\梁\框架梁\KL12(14)(...	电气\电缆桥架\桥架\桥架-2...	A-12-A-13/A-U-...	距A-12轴170mm; 距A-M轴1...	活动碰撞	
280	土建\梁\框架梁\KL12(14)(...	电气\电缆桥架\桥架\桥架-2...	A-12-A-13/A-U-...	距A-12轴151mm; 距A-M轴9...	活动碰撞	
281	土建\梁\框架梁\KL14(3)(底...	电气\电缆桥架\桥架\桥架-2...	B-B-A-11/A-U-A-M	距A-11轴250mm; 距A-M轴9...	活动碰撞	
282	土建\梁\框架梁\KL31(10)(...	暖通\风管\排风管\排风管-1...	A-15-A-16/A-M-...	距A-15轴750mm; 距A-D轴2...	已核准	结施-08和风施-05
283	土建\梁\框架梁\KL32(4)(底...	电气\电缆桥架\桥架\桥架-4...	A-13-A-14/A-M-...	距A-13轴1037mm; 距A-D轴...	已核准	
284	土建\梁\框架梁\KL33(1)(底...	电气\电缆桥架\桥架\桥架-2...	A-17-A-18/A-M-...	距A-17轴2192mm; 距A-D轴...	已核准	
285	土建\梁\框架梁\KL33(1)(底...	电气\电缆桥架\桥架\桥架-2...	A-17-A-18/A-M-...	距A-17轴1454mm; 距A-D轴...	已核准	
286	土建\梁\框架梁\KL33(1)(底...	电气\电缆桥架\桥架\桥架-2...	A-17-A-18/A-M-...	距A-18轴2049mm; 距A-D轴...	已核准	
287	土建\梁\框架梁\KL33(1)(底...	电气\电缆桥架\桥架\桥架-2...	A-17-A-18/A-M-...	距A-18轴2110mm; 距A-D轴...	已核准	
288	土建\梁\框架梁\KL34(5)(底...	电气\电缆桥架\桥架\桥架-2...	A-16-A-17/A-M-...	距A-16轴791mm; 距A-D轴1...	已核准	
289	土建\梁\框架梁\KL34(5)(底...	电气\电缆桥架\桥架\桥架-2...	A-13-A-14/A-M-...	距A-13轴967mm; 距A-D轴1...	已核准	
290	土建\梁\框架梁\KL34(5)(底...	电气\电缆桥架\桥架\桥架-4...	A-13-A-14/A-M-...	距A-14轴1372mm; 距A-D轴...	已核准	
291	土建\梁\框架梁\KL34(5)(底...	消防\管网\喷淋管\镀锌钢管-...	A-15-A-16/A-M-...	距A-16轴1825mm; 距A-D轴...	已核准	
292	土建\梁\框架梁\KL34(5)(底...	消防\管网\喷淋管\镀锌钢管-...	A-13-A-14/A-M-...	距A-13轴1263mm; 距A-D轴...	已核准	
293	土建\梁\框架梁\KL34(5)(底...	消防\管网\喷淋管\镀锌钢管-...	A-13-A-14/A-M-...	距A-14轴1636mm; 距A-D轴...	已核准	
294	土建\梁\框架梁\KL34(5)(底...	消防\管网\喷淋管\镀锌钢管-...	A-14-A-15/A-M-...	距A-14轴1363mm; 距A-D轴...	已核准	

图 28－20　筛选结果复制

9）类型筛选：点击“类型筛选”弹出“显示选项”对话框，可选择需要显示的类型，隐藏不需要显示的类型。如单独显示“已核准”，则单独对“已核准”进行勾选，点击“确定”，如图 28－21、图 28－22 所示。

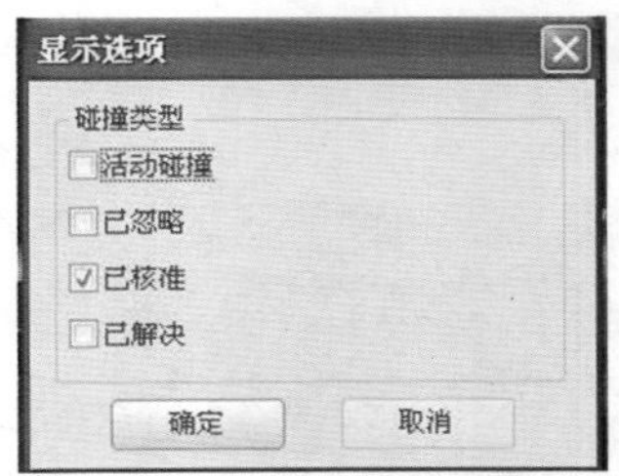

图 28－21 “显示选项”对话框

项目管理 碰撞结果

序号	构件1	构件2	轴网	具体位置	碰撞类型	备注
158	土建\墙\砼内墙\人防墙300L...	电气\电缆桥架\桥架\桥架-4...	A-17-A-18/A-M-...	距A-17轴1442mm; 距A-M轴...	已核准	
282	土建\梁\框架梁\KL31(10)(...	暖通\风管\排风管\排风管-1...	A-15-A-16/A-M-...	距A-15轴750mm; 距A-D轴2...	已核准	结施-08和风施-05
283	土建\梁\框架梁\KL32(4)(底...	电气\电缆桥架\桥架\桥架-4...	A-13-A-14/A-M-...	距A-13轴1037mm; 距A-D轴...	已核准	结施-08和风施-05
284	土建\梁\框架梁\KL33(1)(底...	电气\电缆桥架\桥架\桥架-2...	A-17-A-18/A-M-...	距A-17轴2192mm; 距A-D轴...	已核准	结施-08和风施-05
285	土建\梁\框架梁\KL33(1)(底...	电气\电缆桥架\桥架\桥架-2...	A-17-A-18/A-M-...	距A-17轴1454mm; 距A-D轴...	已核准	结施-08和风施-05
286	土建\梁\框架梁\KL33(1)(底...	电气\电缆桥架\桥架\桥架-2...	A-17-A-18/A-M-...	距A-18轴2049mm; 距A-D轴...	已核准	结施-08和风施-05
287	土建\梁\框架梁\KL33(1)(底...	电气\电缆桥架\桥架\桥架-2...	A-17-A-18/A-M-...	距A-18轴2110mm; 距A-D轴...	已核准	结施-08和风施-05
288	土建\梁\框架梁\KL34(5)(底...	电气\电缆桥架\桥架\桥架-2...	A-16-A-17/A-M-...	距A-16轴791mm; 距A-D轴1...	已核准	
289	土建\梁\框架梁\KL34(5)(底...	电气\电缆桥架\桥架\桥架-2...	A-13-A-14/A-M-...	距A-13轴967mm; 距A-D轴1...	已核准	
290	土建\梁\框架梁\KL34(5)(底...	电气\电缆桥架\桥架\桥架-4...	A-13-A-14/A-M-...	距A-14轴1372mm; 距A-D轴...	已核准	
291	土建\梁\框架梁\KL34(5)(底...	消防\管网\喷淋管\镀锌钢管-...	A-15-A-16/A-M-...	距A-16轴1825mm; 距A-D轴...	已核准	
292	土建\梁\框架梁\KL34(5)(底...	消防\管网\喷淋管\镀锌钢管-...	A-13-A-14/A-M-...	距A-13轴1263mm; 距A-D轴...	已核准	
293	土建\梁\框架梁\KL34(5)(底...	消防\管网\喷淋管\镀锌钢管-...	A-13-A-14/A-M-...	距A-14轴1636mm; 距A-D轴...	已核准	
294	土建\梁\框架梁\KL34(5)(底...	消防\管网\喷淋管\镀锌钢管-...	A-14-A-15/A-M-...	距A-14轴1363mm; 距A-D轴...	已核准	

图 28－22 类型筛选结果

28.5 碰撞结果输出

点击“WORD”弹出“输出选项”对话框，可对已经筛选好的碰撞类型进行输出。如需要输出已经核准好的有效碰撞，可单独对“已核准”进行勾选并点击“确定”，系统会自动按照已选的碰撞类型输出 word 文件，如图 28－23 所示。

注：如果需要单独导出某个碰撞点，可直接右击后点击导出。

对所需要输出的报告进行勾选或“活动碰撞”或“已核准”等确定之后会输出相关报告模板（举例示范）。

以下为“模型”项目“模型－1 层（土建＋给排水＋电气＋暖通＋消防＋弱电）”的检查报告。

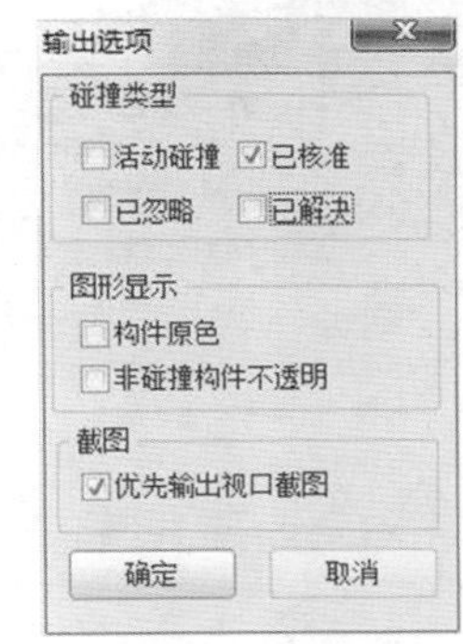

图 28－23 输出选项

名称： 碰撞 2

构件 1： 土建\柱\混凝土柱\2KZ2（$H=-5500$mm～-50mm）

构件 2： 给排水\管道\污水管\高密度聚乙烯超静音排水管 $De160$（$H=-6400$mm～-1300mm）\含油污水管及其立管 UL

轴网： 1－10－1－11/1－H－1－G

位置： 距 1－11 轴 350mm；距 1－H 轴 299mm

碰撞类型： 已核准

备注：

（续）

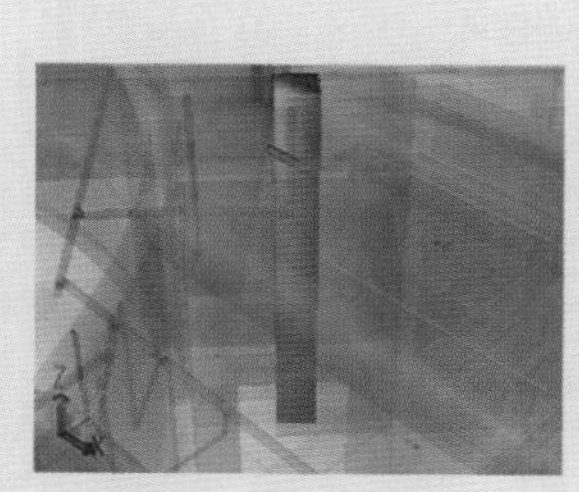	**名称**：碰撞 3 **构件 1**：土建 \ 柱 \ 混凝土柱 \ FKZ1（H = -5500mm ~ -50mm） **构件 2**：消防 \ 管网 \ 消防管 \ 无缝钢管 - DN100（H =4600mm）\ 消火栓系统 **轴网**：2 -2 -2 - K/2 - K - 1 - K **位置**：距 2 - 2 轴 401mm；距 2 - K 轴 400mm **碰撞类型**：已核准 **备注**：
	**名称**：碰撞 10 **构件 1**：土建 \ 墙 \ 混凝土外墙 \ WQ500（H = -5500mm ~ -600mm） **构件 2**：给排水 \ 管道 \ 给水管 \ 不锈钢管 - DN40（H =4400mm）\ 生活给水管及其立管 GL **轴网**：2 - Q 外/2 - Q 外 **位置**：距 2 - Q 轴 453mm；距 2 - Q 轴 402mm **碰撞类型**：已核准 **备注**：
	**名称**：碰撞 16 **构件 1**：土建 \ 墙 \ 混凝土外墙 \ WQ500（H = -5500mm ~ -600mm） **构件 2**：给排水 \ 管道 \ 污水管 \ 高密度聚乙烯超静音排水管 De110（H = 4100mm）\ 污水管及其立管 WL **轴网**：1 -8 -1 -9/1 - K - 1 - J **位置**：距 1 - 8 轴 2420mm；距 1 - K 轴 200mm **碰撞类型**：已核准 **备注**：

28.6 碰撞节点信息整理

对于已核准或已确定的信息需要输出相关报告，作为技术交底，一线施工人员直接点击该构件，右击→“退出反查”→“保存视口”之后再次输出相关报告模板（举例示范）。

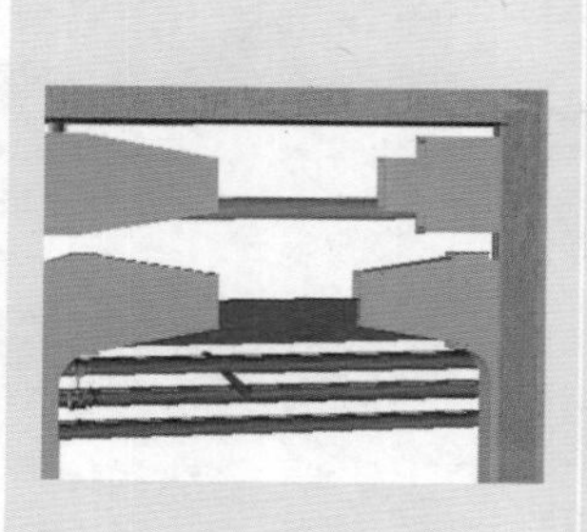	**名称**：碰撞 1 **构件 1**：电气 \ 电缆桥架 \ 桥架 \ 桥架 - 200 × 100（底标高 =4450mm，顶标高 =4550mm）\ 动力槽式桥架 **构件 2**：暖通 \ 风管 \ 送风管 \ 送风管 - 200 × 120（底标高 =4480mm，顶标高 =4600mm）\ 送风 **轴网**：1 - 13 - 1 - 14/1 - C - 1 - B **位置**：距 1 - 13 轴 1037mm；距 1 - C 轴 1553mm **碰撞类型**：已解决 **备注**：

（续）

	**名称**：碰撞 2 **构件 1**：电气 \ 电缆桥架 \ 桥架 \ 桥架 – 200 × 100（底标高 = 4450mm，顶标高 = 4550mm）\ 照明金属线槽 **构件 2**：暖通 \ 水管 \ 其他水管 \ 无缝钢管 – $DN159 \times 5.5$（$H = 4500$mm）\ 燃气 **轴网**：1 – 12 – 1 – 13/1 – D – 1 – C **位置**：距 1 – 13 轴 1100mm；距 1 – D 轴 2009mm **碰撞类型**：已解决 **备注**：
	**名称**：碰撞 3 **构件 1**：电气 \ 电缆桥架 \ 桥架 \ 桥架 – 200 × 100（底标高 = 4450mm，顶标高 = 4550mm）\ 动力槽式桥架 **构件 2**：暖通 \ 水管 \ 其他水管 \ 无缝钢管 – $DN159 \times 5.5$（$H = 4500$mm）\ 燃气 **轴网**：1 – 12 – 1 – 13/1 – C – 1 – B **位置**：距 1 – 13 轴 661mm；距 1 – C 轴 1639mm **碰撞类型**：已解决 **备注**：

注：≤$DN80$ 以下的管道不参与碰撞。

两种不同格式的报告模板使用路径不同，保存查看该处碰撞点的定位反查与常规建筑显示不同，但作用一致。

对于大型复杂工程，管道综合碰撞检查软件利用已有的各专业设计数据信息，进行数据的二次利用，解决设备管道空间碰撞问题，同时可以生成剖面图显示施工后的效果，有益于现场施工。

第29章* 漫游及出图指导施工

漫　游

29.1 Luban BIM Works 应用价值

Luban BIM Works 的漫游功能，不仅在设计阶段可以通过模拟现场的 3D 环境，对设计方案的合理性、实用性、经济性等各方面进行全面审核，并且在施工阶段也能让高层管理足不出户便可对项目方案的执行情况、实施进度进行全程无缝监管。在漫游过程中开启碰撞点检查、净高不足检查等自动检测功能，还可以结合可视化环境与云端数据，充分对比分析其准确性；并可根据漫游路径指导设备进场，做到提前发现问题，提前规划设备进场路线。

29.2 Luban BIM Works 操作流程

29.2.1 操作功能介绍

点击“漫游”，软件会自动切换至菜单界面，如图 29 - 1 所示，第一次点击“漫游”命令，会自动切换为正视视角，单击鼠标右键可退出漫游。

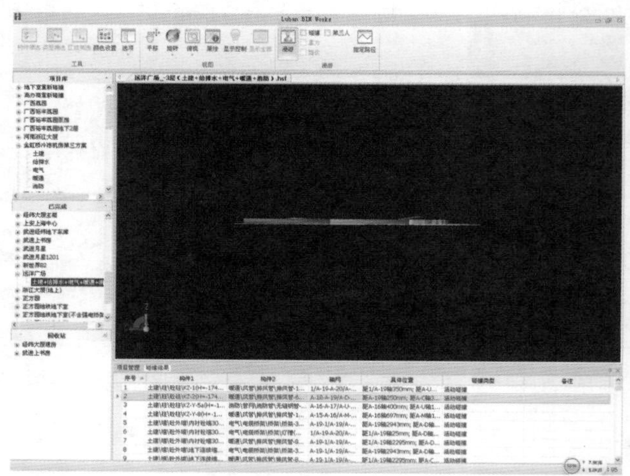

图 29 - 1　菜单界面

29.2.2 漫游操作

1. 鼠标操作方法

按住鼠标左键移动，可对视口进行捕捉；按住鼠标中间，可对视图进行平移；按住鼠标向前，往上看；按住鼠标往后，往下看；按住鼠标向左，往左看；按住鼠标往右，往右看。

2. 键盘操作方法

W：前进	Q：向左旋转	A：向左平移	←：向左平移
S：后退	D：向右平移	E：向右旋转	→：向右平移
↓：后退			

3. 漫游场景设置

漫游场景包括碰撞、重力、蹲伏及第三人，如图 29－2 所示。

碰撞：碰撞提供体量，用户可以自行设置是否穿过漫游过程中碰撞的构件，“碰撞”仅可以与“漫游”一起使用。

重力：碰撞提供体量，而重力提供重量，例如可以走下楼梯或随地形而走动，“重力”可以与“碰撞”一起使用。

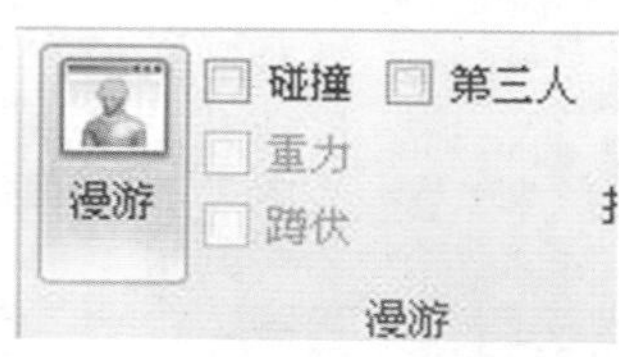

图 29－2　漫游场景设置

蹲伏：在激活碰撞的情况下围绕模型漫游时，可能会遇到高度太低而无法在其下漫游的对象，如很低的管道。通过此功能可以蹲伏在任何这样对象的下面。激活蹲伏的情况下，对于在指定高度无法在其下漫游的任何对象，将在这些对象下面自动蹲伏，因此不会妨碍你围绕模型导航，“蹲伏”仅可以与“碰撞”使用。

第三人：激活第三人后，可以看到人物出现。在导航中，将控制体现与当前场景的交互，如图 29－3 所示。

将“第三人”与“碰撞”和“重力”一起使用时，此功能将变得非常强大，能够精确可视化一个人与所需设计交互的方式。

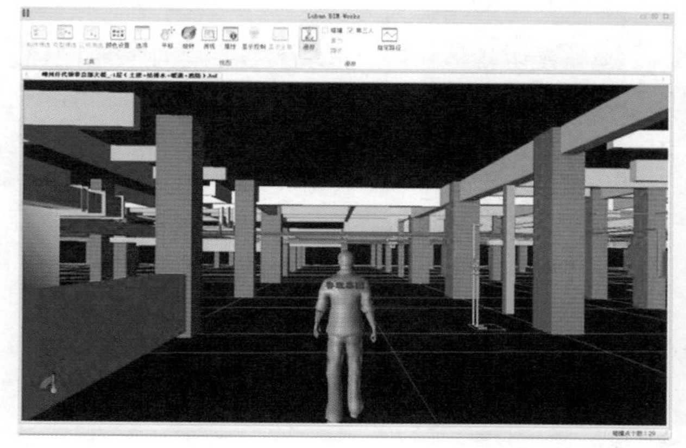

图 29－3　漫游效果

29.2.3　指定路径漫游

点击“指定路径”弹出“指定路径”对话框，点击“新增”（图 29－4），如输入“走道”，再点击“指定路径”，然后点击右键确定“指定路径完成”（图 29－5），再点击“开始”按钮。

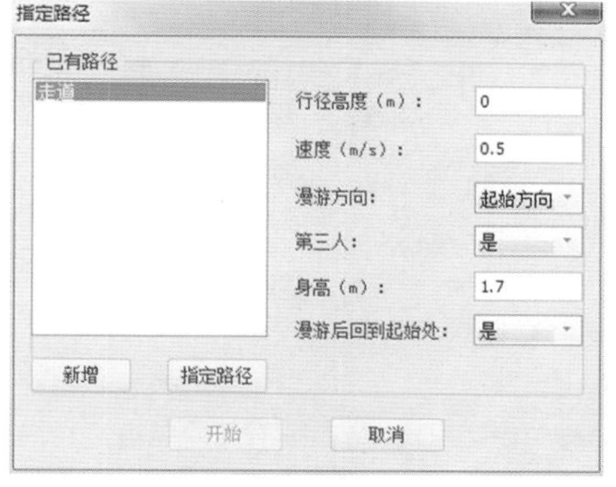

图 29－4　指定路径设置

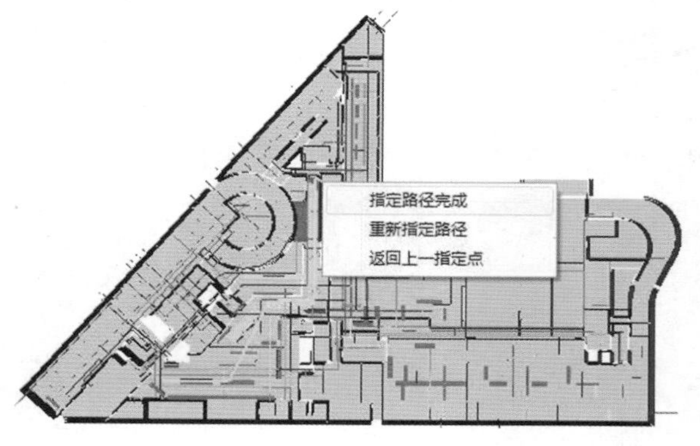

图 29－5　指定路径

注：可通过选择“显示控制”对话框隐藏柱和墙体，避免指定路径时碰到柱和墙体，如图 29－6所示。

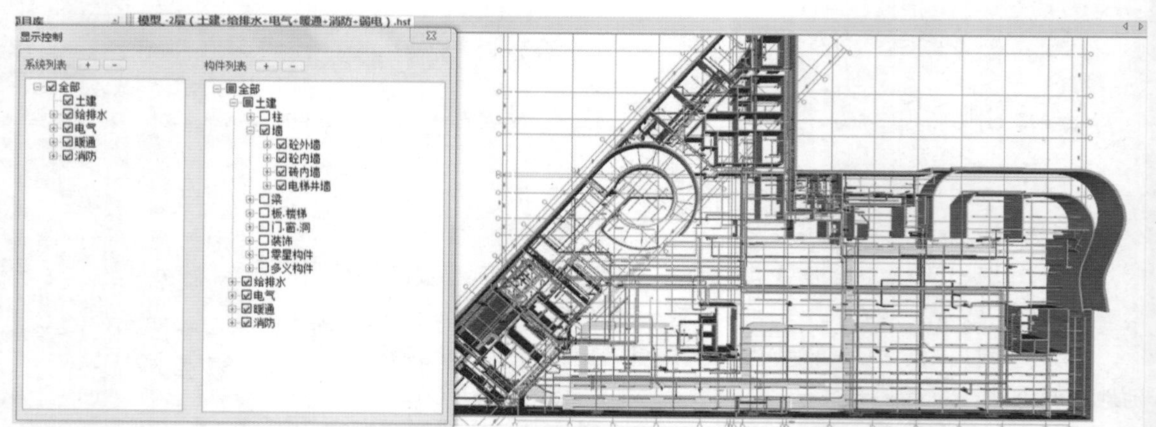

图 29－6　显示控制

建筑漫游就是利用虚拟现实技术对现实中的建筑进行三维仿真，具有人机交互性、真实建筑空间感、大面积三维地形仿真等特性。在工程中应用漫游动画，可以在一个虚拟的三维环境中，用动态交互的方式对未来的建筑或城区进行身临其境的全方位的审视；可以从任意角度、距离和精细程度观察场景；并可以自由控制浏览的路线。而且在漫游过程中，还可以实现多种设计方案、多种环境效果的实时切换比较，能够给用户带来强烈、逼真的感官冲击，获得身临其境的体验。它也适用于电子标书、多媒体投标方案演示。作为一种新兴的设计方案展示，它采用三维动画及多媒体技术，将声音、文字、图片、视频及动画等有机地整合到一起，摆脱了简单的图片、表格展示，进而使用更人性化的人机交互方式，将设计方案生动直观地表现出来。

第 30 章* 施工进度模拟

施工进度模拟

30.1 应用点价值

我国目前使用的施工进度管理模式仅停留在二维平面上，对于多标段、工序复杂的建设工程，施工进度的管理难以达到全面、统筹、精细化，采用 BIM 技术结合施工现场的三维扫描仪和高像素数码相机的全景扫描，将施工的空间信息和时间信息集合在一个可视化的 3D 或 4D 建筑模型中，对施工现场的进度进行形象、具体、直观的模拟，便于合理、科学的指导施工进度计划，直观、精确地掌握施工进度，对不同施工标段之间的沟通和协调有一个统一的管理和全盘的控制，从而缩短工期，降低施工成本。

30.2 应用点描述

施工进度模拟，通过鲁班的独立客户端“鲁班进度计划”（Luban SchedulePlan）进行 BIM 进度计划的创建，将模拟施工进度和实际进度通过施工段、构件大小类、计算项目和 BIM 模型进行关联，任务关联的 BIM 模型数据及时展现在软件界面中，将原本二维的进度计划数据转化为可视的三维进度模型。MC 中会自动读取与工程对应的进度计划，在 MC 驾驶舱中可对模拟施工进度与实际进度进行动态虚拟展示。

30.3 实施方法

实施过程如图 30 - 1 所示。

图 30 - 1 实施过程图

30.4 操作步骤

1）点击“鲁班进度计划”（Luban SP），输入账号和密码登录，如图 30 - 2 所示。

2）选择“新建进度计划”（图 30 - 3），进行进度计划名称设置和需要下载关联的 BIM 模型，如图 30 - 4 所示。

图 30 - 2 登录界面

图 30-3　新建进度计划

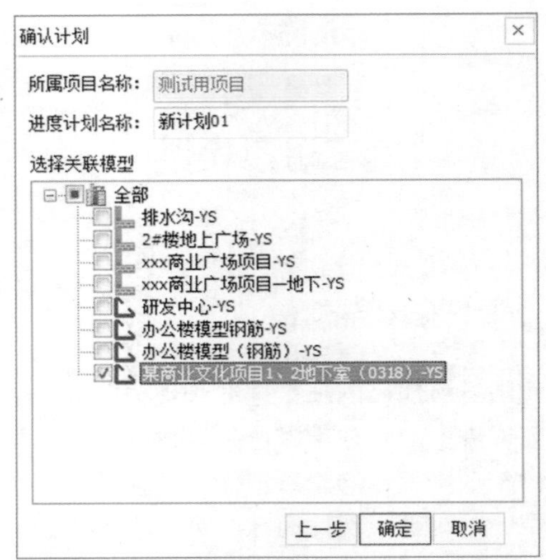

图 30-4　关联模型

3）对关联模型选择之后，转跳至上传工程的界面，如图 30-5 所示。

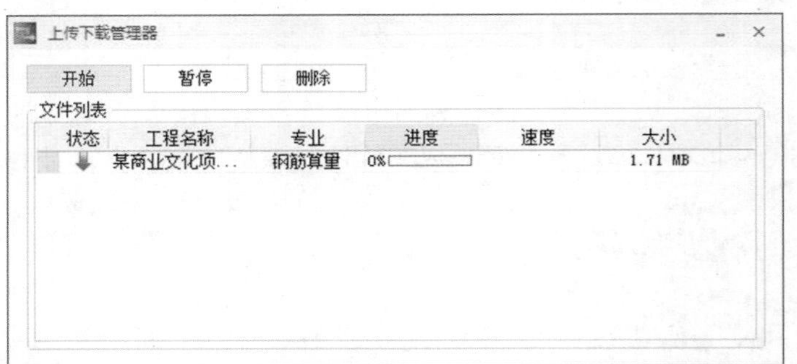

图 30-5　上传工程

4）下载 BIM 模型文件之后，导入 Excel 格式或 Project 格式的进度计划文件，或者在软件中进行进度计划的新建任务设置，以导入 Excel 进度计划文件为例，如图 30-6 所示。

图 30-6　导入 Excel

5）选择进度计划文件，点击“打开”（图 30－7），识别进度计划如图 30－8 所示，进度计划图如图 30－9 所示。

图 30－7　选择进度计划

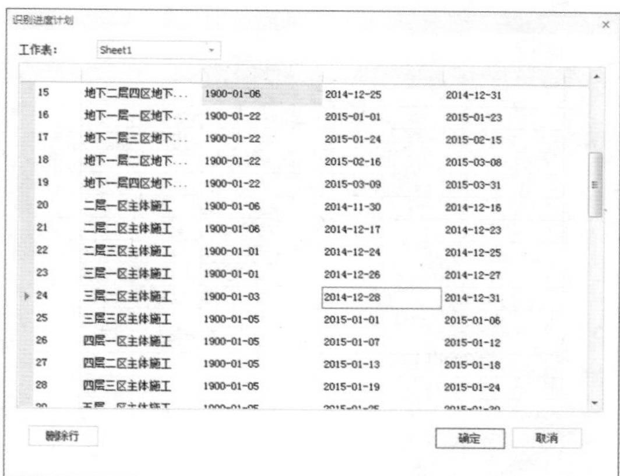

图 30－8　识别进度计划

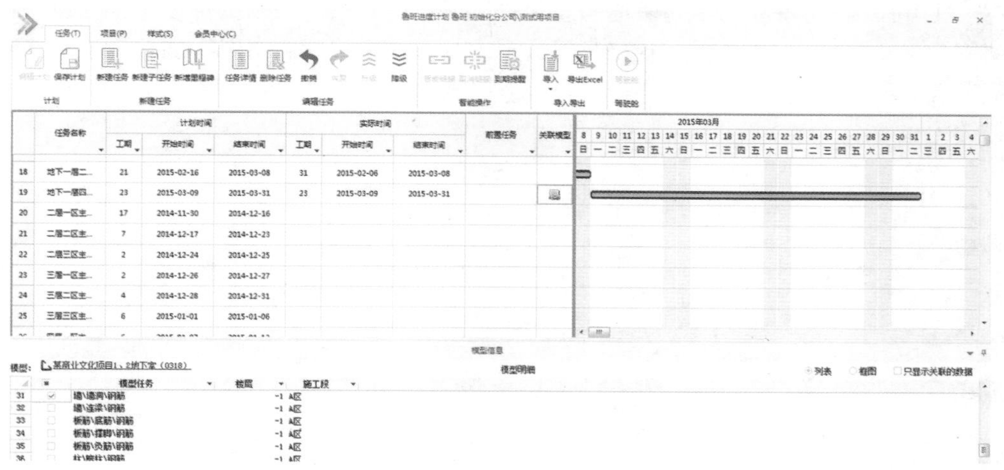

图 30－9　进度计划图

6）识别进度计划后，进行计划时间、实际时间的检查与设置，并与 BIM 模型进行关联，关联好模型后，点击“保存计划”，如图 30－10、图 30－11 所示。本次的施工进度计划已完成。

图 30－10　保存计划

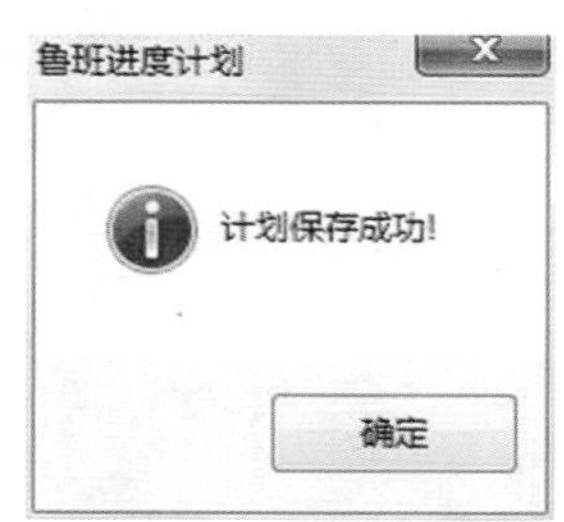

图 30－11　计划保存成功

7）进度计划和 BIM 模型关联好后，进入 MC 将自动读取与工程对应的进度计划，此时可在 MC 驾驶舱中对模拟施工进度与实际进度进行动态虚拟展示，如图 30－12 所示。

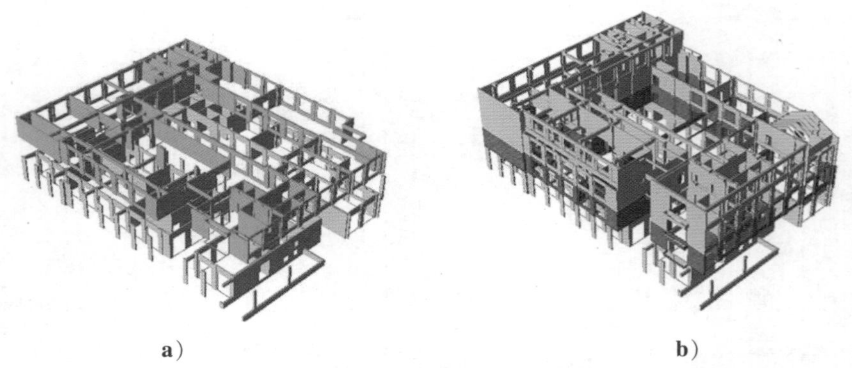

a）　　b）

图 30－12　动态虚拟展示

注：图 30－12a 的绿色部分表示实际工期提前，而图 30－12b 的红色部分表示实际工期进度滞后。通过 MC 中的进度计划不同颜色的表示，使项目负责人对项目的进度了如指掌，避免材料和设备不能按期供应，或质量、规格不符合要求导致施工停顿；资金不能保证也会使施工进度中断或速度减慢，由此可以提高操作效率，缩短施工工期。

第 31 章 保存视口及管理

31.1 应用点描述

不同的视口相当于从不同的视角来观察同一个图形所看到的不同场景，模型空间的视口主要是方便绘图，只能用矩形视口。比如可以一个视口用来显示整体，另外一个视口用来把局部放大以便观察或修改；或者立体图形用来分别显示立面图、平面图、侧面图等。

31.2 应用价值

传统模式和利用 BIM 技术之后对比发现：

1）传统模式利用二维蓝图进行技术交底，方案须用肉眼一一逐查落实，容易出现不直观、漏项等问题。现在利用三维的 BIM 模型，很直观地查看到技术难点及图纸的错误之处，发现问题并解决问题的效率也大大提升了。

2）图纸会审之前，出现问题要找设计单位，然后要等设计单位答复，再到现场进行二次图纸会审等。利用 BIM 系统之后，设计单位对设计问题给予答复或电子邮件，三方直接通过三维 BIM 模型，一目了然地及时解决错误之处。

31.3 操作步骤

1）BIM 系统点击“视口”栏中的“保存视口”，对其名称进行定义，如图 31－1 所示。

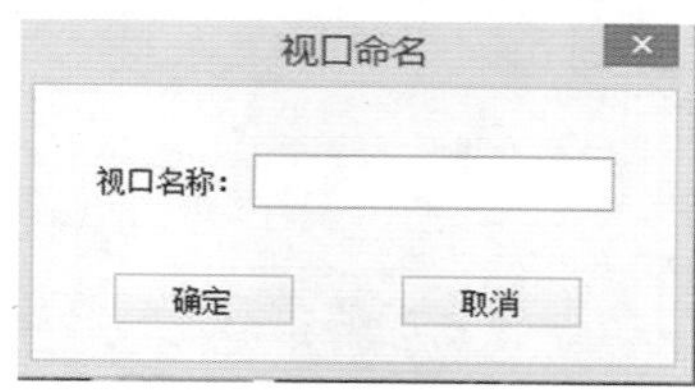

图 31－1 视口命名界面

2）点击“确定”对其当前视口进行保存，视口保存界面如图 31－2 所示。

视口管理由“视口名称”“视口缩略图”及“备注”项组成。

视口名称：对该视口图片的称呼。

视口缩略图：对该视口的图片进行缩略图。

备注：对该视口图片进行文字注释。

对于保存过的视口及名称，点击之后会对该视口进行还原，可用于问题修改或技术交底等处理项。该视口相关问题解决之后，便可以直接进行下一个视口。技术交底、图纸会审、专家论证使用BIM系统保存视口功能，对于提高协同效率和准确描述项目帮助很大。

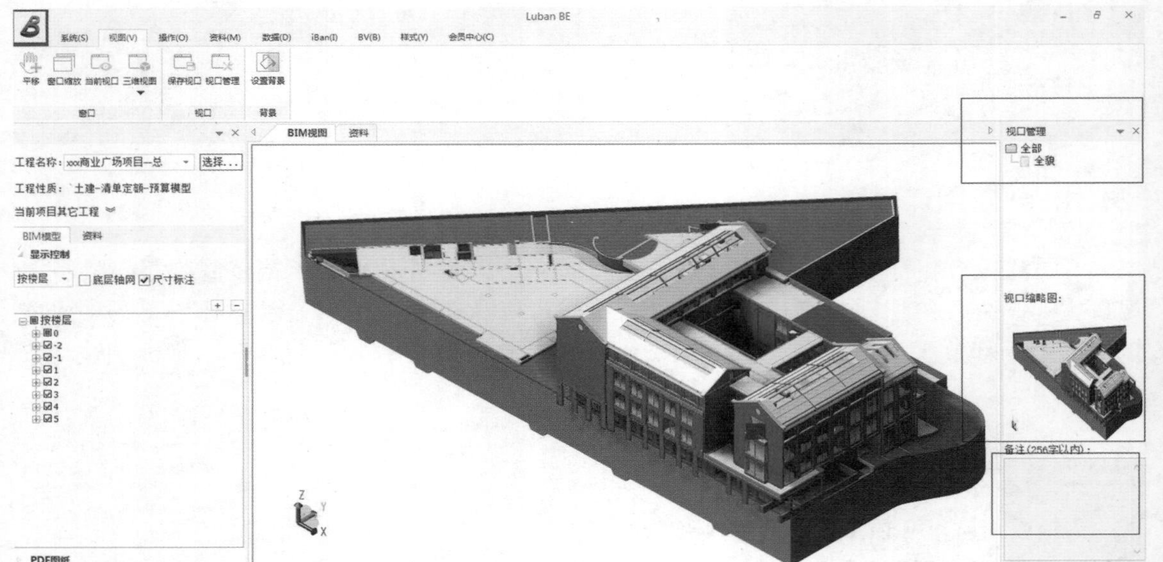

图 31-2　视口保存界面

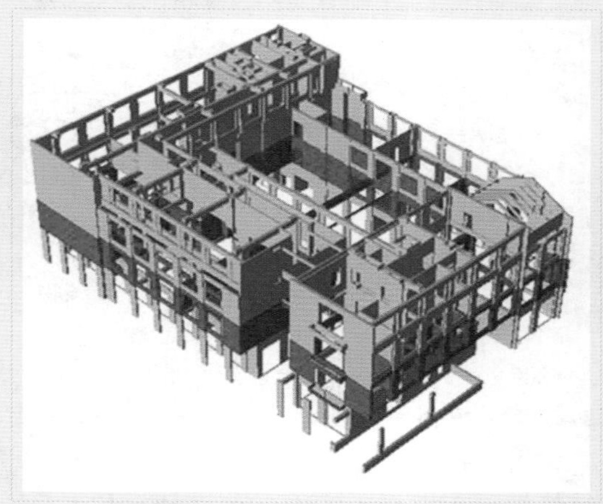

第五篇　BIM 应用之安全员

05

第32章* 临边洞口检查并生成栏杆

临边洞口检查并生成栏杆

32.1 防护栏杆

32.1.1 护栏设计规范

1)《住宅设计规范》(GB 50096—2011)。

2)《建筑设计通则》(GB 50352—2005)。

3)《建筑结构荷载规范》(GB 50009—2012)。

4)《钢筋焊接及验收规程》(JGJ 18—2012)。

5)《建筑工程施工质量验收统一标准》(GB 50300—2013)。

6)《混凝土结构设计规范》(GB 50010—2010)。

7)《民用建筑设计通则》(GB 50352—2005)。

32.1.2 专业术语

1) 楼梯是由一个或若干连续的梯段和平台的组合，用以连接不同标高的建筑平面。

2) 踏步（Step）是由踏步面和踏步踢板（或不带踢板）组成的梯级。

3) 扶手（Handrail）是附在墙上或栏杆上的长条配件。

4) 栏杆（Balustrade）是布置在楼梯和平台边缘有一定刚度和安全度的拦隔设施。

5) 楼梯井（Stair Well）是四周为梯段和平台内侧面围绕的空间。

6) 产品分类：按材料分金属、硬质木材和组合材料的栏杆、扶手。

32.1.3 技术要求

1) 室内共用楼梯扶手高度，自踏步中心线量起至扶手上皮不宜低于900㎜，水平扶手超过500㎜长时，其高度不宜低于1000㎜。

2) 室外共用楼梯栏杆高度不宜低于1050㎜，中高层住宅不应低于1100㎜。

3) 楼梯井宽度大于200㎜时，不宜选用儿童易于攀登的花格，栏杆垂直杆件之间净空不应大于110㎜。

4) 原材料的规格、质量必须符合设计要求和现行有关国家标准、规范的规定。

5) 制做栏杆、扶手的原材料，应有出厂质量合格证或试验报告，进场时应按批号分批验收。没有出厂合格证明的材料，必须按有关标准的规定抽取试样做物理、化学性能试验，合格后方可使用，严禁使用不合格的材料。

6) 栏杆、扶手与梯段安装完毕后，其结构承载能力应能随受水平荷载0.5kN/m，最大允许挠度值不应超过$h/100$（h为扶手高度）。

7) 阳台、外廊、室内回廊、内天井、上人屋面及室外楼梯等临空处应设置防护栏杆，并应符合下列规定：栏杆应以坚固、耐久的材料制作，并能承受荷载规范规定的水平荷载。

8) 临空高度在24m以下时，栏杆高度不应低于1050mm；临空高度在24m及24m以上（包括中高层住宅）时，栏杆高度不应低于1100mm。

9）栏杆离楼面或屋面 100mm 高度内不宜留空。

10）住宅、托儿所、幼儿园、中小学及少年儿童专用活动场所的栏杆必须采用防止少年儿童攀登的构造，当采用垂直杆件做栏杆时，其杆件净距不应大于 110mm。

11）文化娱乐建筑、商业服务建筑、体育建筑、园林景观建筑等允许少年儿童进入活动的场所，当采用垂直杆件做栏杆时，其杆件净距也不应大于 110mm。

32.2　安全防护栏的重大突破

32.2.1　一键生成防护栏杆的目的及价值

通过设置条件核对模型发现施工过程中重大危险源并实现水平洞口危险源自动识别，对危险源识别后自动进行临边防护，对现场的安全管理工作给予很大的帮助；检查板边、板洞边、楼梯，发现临边位置，并布置防护栏杆构件，支持当前楼层或多楼层布置。

32.2.2　一键生成防护栏杆

1）选择“PBPS”下拉菜单中“一键生成防护栏杆”命令。

2）在“一键生成防护栏杆”对话框中对各项参数进行设置，如图 32－1 所示。

图 32－1　“一键生成防护栏杆”对话框

①预留洞口：所布置洞口位置。

②楼梯侧边：楼梯洞口位置。

③基坑位置：基坑边位置。

④阳台雨篷：阳台雨篷边位置。

⑤屋面板：板轮廓边线位置。

⑥距边距离：距离洞口位置边线距离。

3）点击“生成”，最终效果如图 32－2 所示。

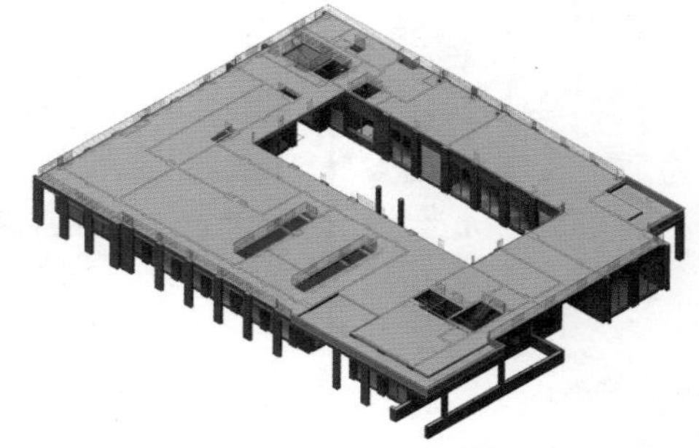

图 32－2　最终三维效果

32.2.3 安全防护栏杆布置图

1）选择“PBPS”下拉菜单中“安全防护栏杆布置图”。

2）在“安全防护栏杆布置图”对话框中对各项参数进行设置，如图32－3所示。

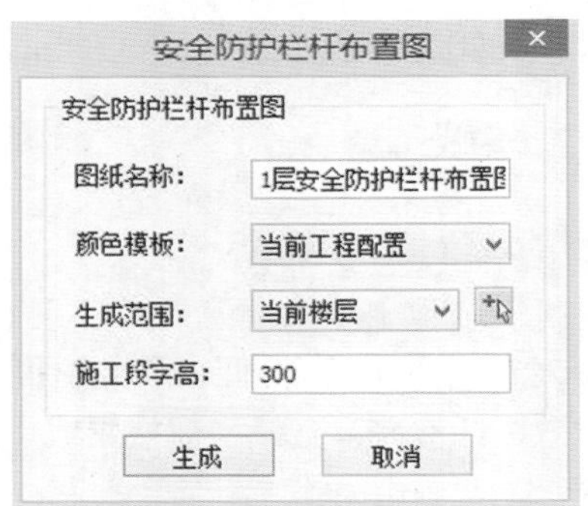

图32－3 “安全防护栏杆布置图”对话框

①图纸名称：图纸定义及内容概括称呼。
②颜色模板：对图纸、边框等的颜色进行修改选择。
③生成范围：模型所输出的相关信息所属区域做一个选择（当前楼层或者指定区域）。
④文字高度：调整输入图纸相关信息内容的字体大小。

3）点击“生成”，最终效果如图32－4所示。

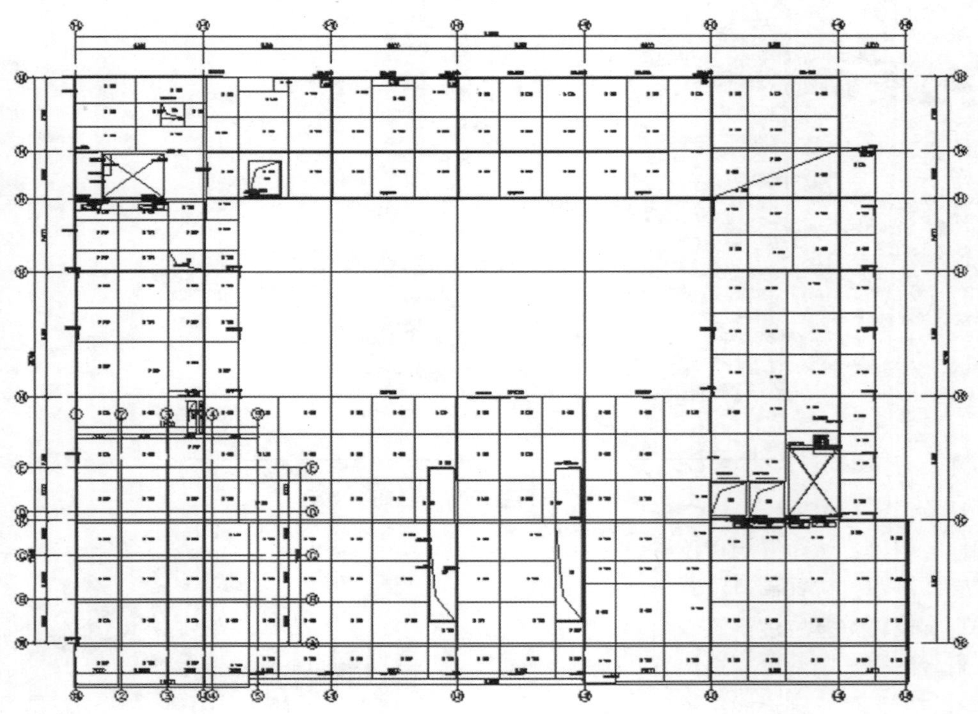

图32－4 输出效果图

第 33 章* iBan 现场安全管理报告

iBan 现场安全管理报告

33.1 概念概述

iBan 是一款便于交流，易于操控，能实现“高效率、低成本”的质量缺陷安全管理系统。利用云端应用与移动设备相结合的管理模式，现场工程师将拍摄的任何缺陷和检查及涉及安全的照片通过移动设备传输，精确定位到 BIM 模型的相关位置，实现快速有效的缺陷处理和质量检查及安全风险预防功能，最终达到提高工程质量和成本效益的目的。

33.2 照片上传与模型关联操作步骤（以 ios 系统为例）

1）登录手机上 iBan 操作系统，登录账号已分配授权，同 MC 和 BE 登录账号，如图33－1所示。

2）进入到登录界面以后，可以选择底部中间红色拍照图标进行拍照上传；也可以读取本手机上的相册照片上传，具体上传方式根据手机自身网络决定，一般建议在 Wi-Fi 或 4G 网络下拍照上传；如果项目现场没有网络，可以储存至相册，到有网络处上传，如图 33－2 所示。

3）拍照或者选择照片上传时，进入到上传界面，第一行输入照片名称，第二行为照片标识，第三行为上传的图片性质，再选择具体的工程模型、楼层和 X、Y 轴的轴线定位，最后是图片的问题描述，并可以通过短信方式将该问题发送到管理人员的手机上；软件还支持录音功能，可以将具体情况通过语音进行表述。底部的标注为涂鸦功能，可以简单地划线或圈起进行标记。如项目现场暂无网络，可以点击“仅存储”，之后通过 Wi-Fi 统一上传到系统中，也可直接点击“提交”上传到系统中，如图 33－3 所示。

图 33－1 账号登录

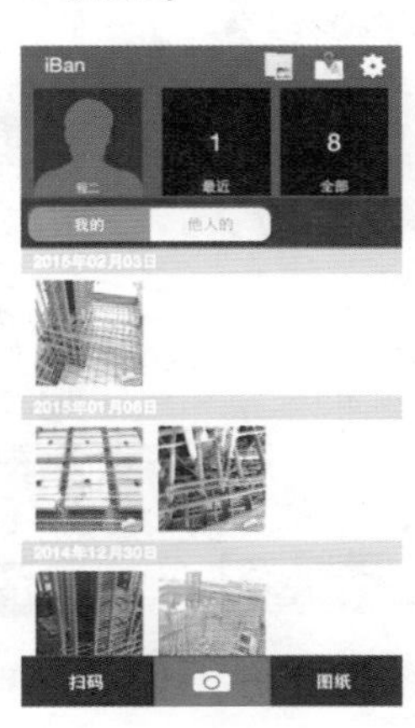

图 33－2 拍照

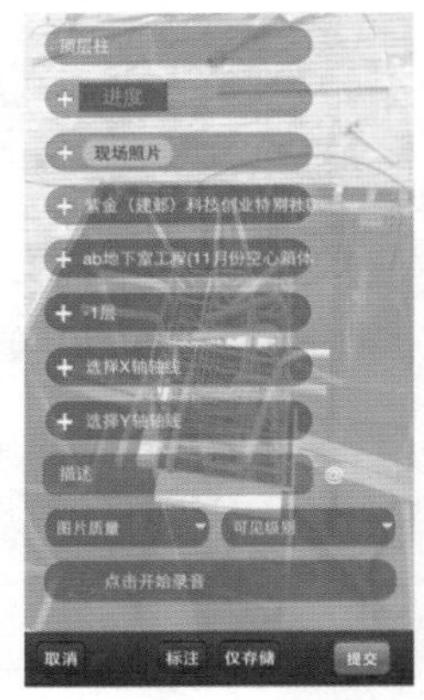

图 33－3 图片上传

4）上传后，可在 BE 系统中查询上传的照片。打开上传的对应模型，在左下角“iBan 照片”内可以根据需要筛选照片类型，在模型中双击“图钉”即可查看对应照片，如图 33－4 所示。

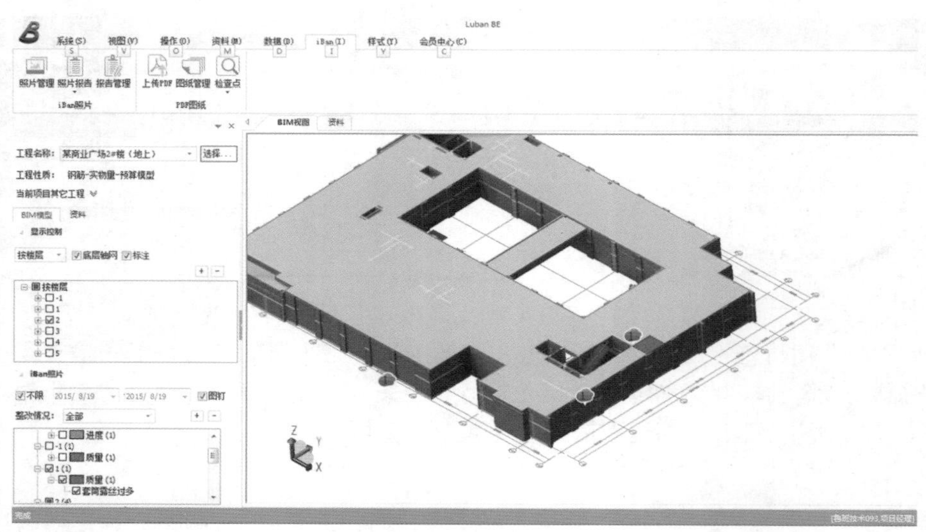

图 33-4　模型显示

33.3　PDF 图纸上传照片具体操作步骤

1）登录手机上 iBan 操作系统。

2）进入到登录界面后，选择底部右下角“图纸”（图 33-5），进入到 PDF 图纸下载界面，下载对应的图纸，如图 33-6 所示。

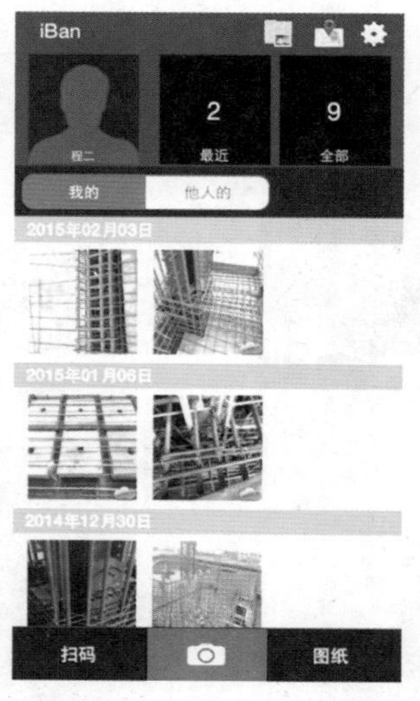

图 33-5　选择图纸

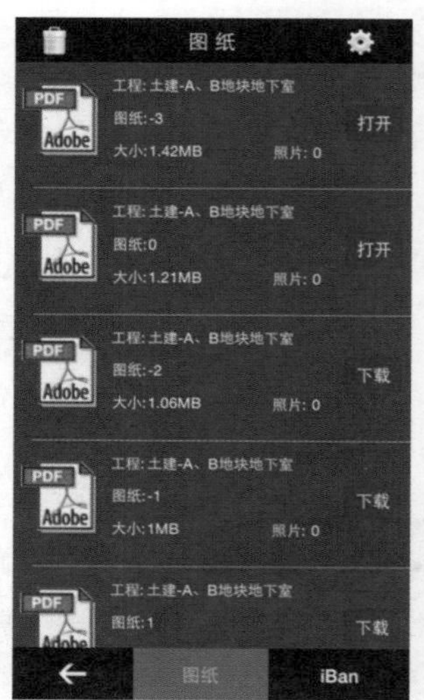

图 33-6　已下载图纸

3）打开下载好的图纸，以基础层“0”层图纸为例，打开后可以支持图纸缩放，并且在其上方可以查看和选择自己上传的图片与他人上传的图片，如图 33-7 所示。

切换至“我的”图片内，在图纸上指出标识点，该标识点位于所要上传照片的位置，点击该标识点，可以编辑、移动和删除。进入到编辑菜单，即进入到照片选择上传，有质量、安全、进度等分类，也可以进行问题描述并支持录音还能对图片进行涂鸦标识；确定后点击“提交”即完成图片上传，如图 33－8、图 33－9 所示。

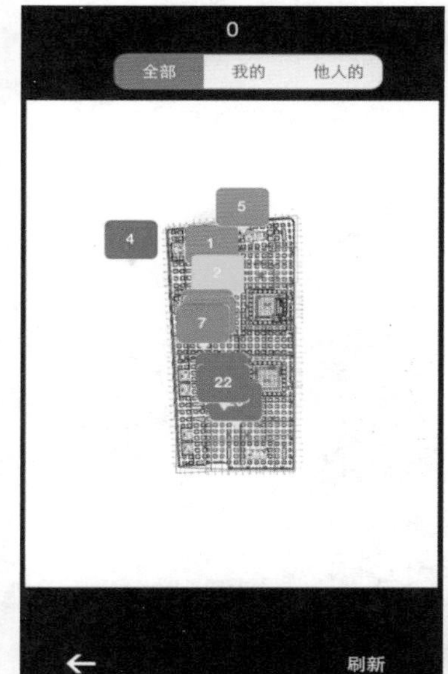

图 33－7 图片查看

图 33－8 图钉位置

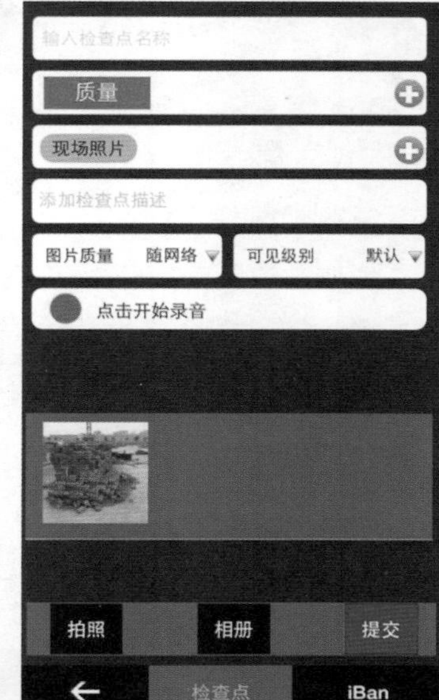

图 33－9 照片编辑

4）BE 系统中的照片，操作同上，参照本章 33.2 。

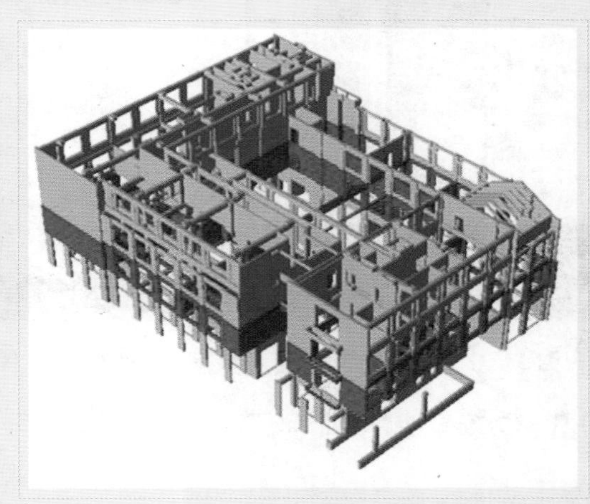

第六篇　BIM 应用之资料员

06

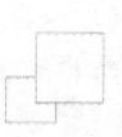

第 34 章* 资料整理挂接

资料整理挂接

34.1 资料挂接的价值

从设计阶段就开始接入数据，通过制订导入标准，将设计模型转换成辅助项目施工的数据库作为图纸问题查找、管线碰撞的基础，为后续应用打下基础。对图纸问题进行汇总整理，并形成书面文档，作为图纸会审、变更的依据。通过 BE 平台结合现场实际情况对项目各种资料分类目录保存；随每一个单项构件挂接自己的各种属性资料；各种经济资料的有序存储。将工程的过程资料，如检验批次、验收报告、会议记录、交底文档、钢筋隐蔽等资料和 BIM 模型进行关联，项目部管理层在电脑上即时了解工程资料的进展数据及动态，即时查阅相关的档案资料。

BIM 模型数据库也可实现各部门的数据共享，这使得项目物资管理由传统的被动管理转变为主动管理。物资人员可以随意掌握一个时期、一个时间节点、一个施工段、一个分区、一栋塔楼，乃至整个项目的工程量数据信息，可以对整个项目的物资成本进行预估，有针对性地可开展物质谈判。也可以约束部门与部门的材料管理，避免冒领、漏领等事项。

34.2 变更资料

工程变更的分类：

1）自然和社会经济条件引起的工程变更。

2）设计方引起的工程变更。

3）承包商引起的工程变更。

4）业主方引起的工程变更。

5）监理工程师引起的工程变更。

6）工程所在地政府主管部门等第三方引起的工程变更。

7）工程外部环境变化引起的工程变更。

注：具体变更模板详见附录 A、附录 B。签证单能确认责任理赔方，签过字说明理赔方承认事实并接受理赔；报价单是后期对这个变更的量以及价做个总结（基本是后期统一进行整理清算，前期只是对签证单进行签字确认）。

34.3 技术交底资料

1. 技术交底书的要求

1）应清楚、完整地写明发明或实用新型的内容。

2）使所属技术领域的普通技术人员能够根据此内容实施发明创造。

3）使上述人员相信本发明确实可以解决现有技术不能解决的问题。

2. 技术交底书的必备条件

1）发明创造的名称：公共多媒体电子邮件查询方法。

2）所属技术领域：本发明涉及一种公众多媒体电子邮件查询方法。

3）背景技术：描述申请人所知的与发明方案最接近的已有技术，对其存在的问题或不足进行客观的评价。

4）发明创造所要解决的技术问题：包括解决关键技术问题及其他技术问题的目的可结合技术方案加以说明。

5）清楚、完整地叙述发明创造的技术方案。

6）与现有技术相比，本发明所具有的优点和有益效果，例如性能的提高、成本的降低等。

7）附图：实用新型必须提供附图，附图中可以有标记，尺寸和参数不必标注。

注：具体技术交底模板以及会议记录详见附录 C。

34.4 材料验收资料

1. 钢筋型材的验收方法

1）土建钢筋的验收：清点数量，看外观亮度、是否有锈迹，看型号规格与所报的是否相同，看生产厂家、生产批号、有无合格证，从中间截取一米量取直径、称算重量。

2）型材的验收方法：清点数量，看外观亮度、是否有锈迹，看型号规格与所报的是否相同，看生产厂家、生产批号、有无合格证。

2. 电线电缆的验收方法

1）电线的验收方法：清点数量，看型号规格与所报的是否相同，看生产厂家、生产批号、有无合格证、外皮厚度是否均匀，截取一米用卡尺量其直径，称出重量，然后换算出米数。

2）电缆的验收方法：清点数量，看型号规格与所报的是否相同，看生产厂家、生产批号、有无合格证、外皮厚度是否均匀，抽检其中几段看长度是否够量。

3. 土建主材的验收方法

1）水泥的验收方法：清点数量，看型号规格与所报的是否相同，看生产厂家、生产批号、有无合格证、实验报告，并抽检出几袋看是否有板结。

2）大砂的验收方法：实地测量其方数，看有无杂质，用含泥量来进行判定。

3）砖类的验收方法：清点数量，测量砖的实际尺寸（分为加气块、空心砖和红砖），观察其外观质量和内在质量，看砖块在正常情况下是否完好。

4）石子的验收方法：测量其方数，看有无杂质，看含泥量，看石子的外观颜色和粒径。

4. BV、双绞线、阻燃线验收标准

1）出厂标牌上有生产厂家、型号规格、生产日期、长度等。

2）长度误差不小于1%。

3）塑料皮的颜色鲜艳、光滑、均匀、无疙瘩、无裂纹、手感好。

4）线芯截面应符合国家标准，截面积可用游标卡尺或外径千分尺测量外径后计算得出，也可采用直流电阻测出。

5）线芯（铜芯）应鲜艳，不发污发黑。

6）双绞线交合均匀，无断股及明显绞股现象。

7）阻燃线可用燃烧法，线离开火源应立即熄灭，无燃烧现象。

8）每批线供货商应提供相应的检测报告。

5. 阀门的验收标准

1）有产品质量合格证。

2）有国际认证的注册商标和生产日期。

3）检查阀门的规格型号。

4）称所送阀门的重量。

注：材料验收的前提是清楚材料进场时的相关材料检验标准，相关模板详见附录 D、附录 E。

34.5　操作步骤

上传工程到 BE，之后直接进入资料上传及管理界面，如图 34－1 所示。

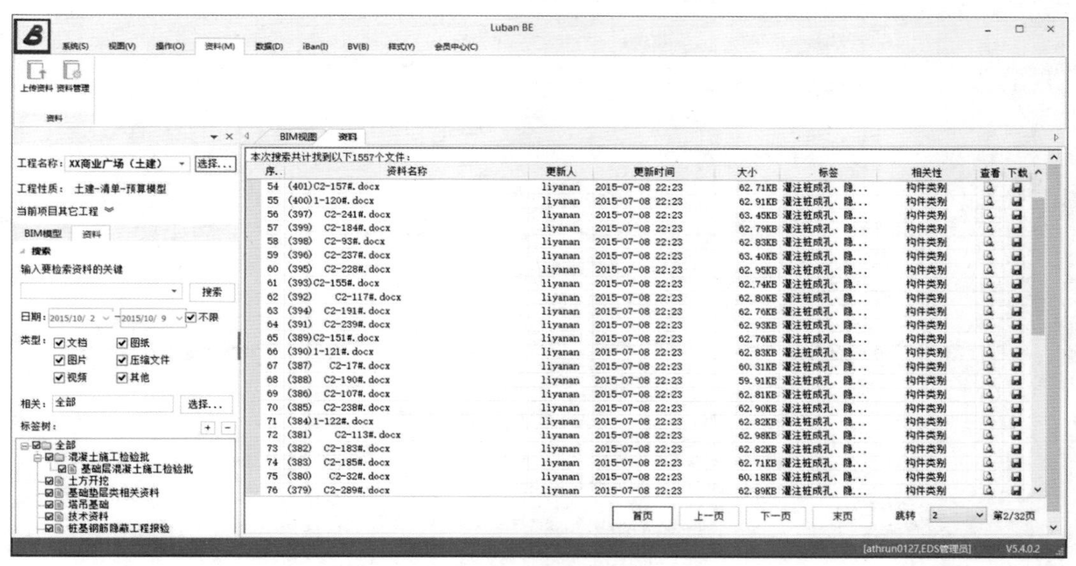

图 34－1　资料管理界面

1）搜索：可输入关键字名称直接搜索相关文档。

2）日期：可对相关文档直接以日期形式进行筛选。

3）类型：可对相关资料的类别进行选择，如文档，图纸等。

4）相关：可对“类型”中所有类别进行选择。

34.5.1　上传资料

点击“资料”→“上传资料”，弹出“上传资料”对话框，如图 34－2 所示。

1）选择文件：选择需要上传的文档或图纸等其支持的格式资料。

2）开始上传：对已经选择好的相关资料进行上传。

3）相关性：可对整个工程、同名称构件、单个构件等与模型相关联。

4）标签：可对某项资料添加的名称归类。

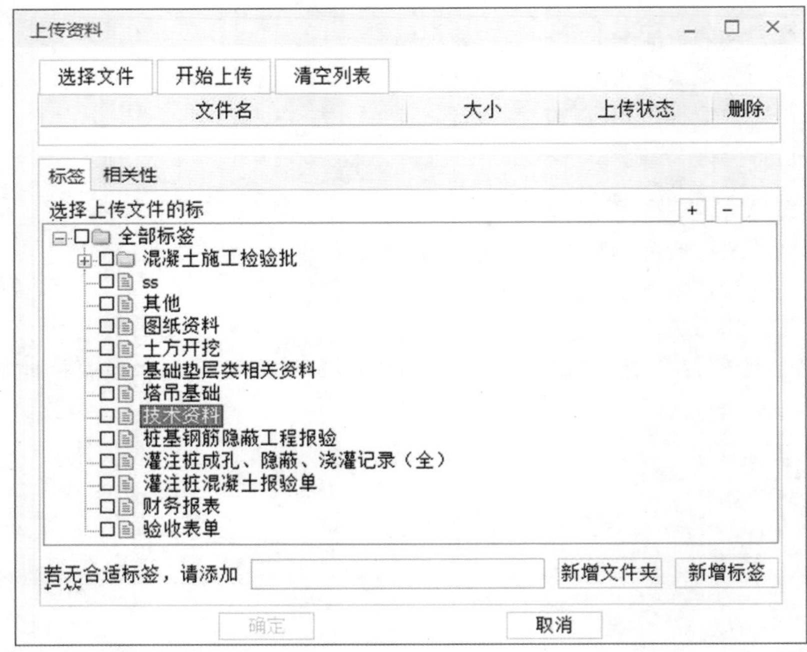

图 34－2　“上传资料”对话框

34.5.2　资料管理

点击“资料”→“资料管理”，弹出“资料管理”对话框，如图 34－3 所示。

资料管理

全部　输入资料名称、标签、上传人等关键字　搜索　上传资料

序..	资料名称	更新人	更新时间	大小	标签	相关性	编辑	查看	下载	删除
1	49.xls	athr...	2015-08-23 16:17	48.00KB	基础层...	构件类别				×
2	48.xls	athr...	2015-08-23 16:17	48.00KB	基础层...	构件类别				×
3	46.xls	athr...	2015-08-23 16:17	50.50KB	基础层...	构件类别				×
4	45.xls	athr...	2015-08-23 16:17	50.50KB	基础层...	构件类别				×
5	47.xls	athr...	2015-08-23 16:17	50.50KB	基础层...	构件类别				×
6	44.xls	athr...	2015-08-23 16:17	50.50KB	基础层...	构件类别				×
7	42.xls	athr...	2015-08-23 16:17	38.00KB	基础层...	构件类别				×
8	41.xls	athr...	2015-08-23 16:17	38.00KB	基础层...	构件类别				×
9	40.xls	athr...	2015-08-23 16:17	38.50KB	基础层...	构件类别				×
10	43.xls	athr...	2015-08-23 16:17	50.50KB	基础层...	构件类别				×
11	36.xls	athr...	2015-08-23 16:17	38.00KB	基础层...	构件类别				×
12	37.xls	athr...	2015-08-23 16:17	38.00KB	基础层...	构件类别				×
13	35.xls	athr...	2015-08-23 16:17	43.00KB	基础层...	构件类别				×
14	39.xls	athr...	2015-08-23 16:17	38.00KB	基础层...	构件类别				×
15	38.xls	athr...	2015-08-23 16:17	38.00KB	基础层...	构件类别				×
16	34.xls	athr...	2015-08-23 16:17	43.50KB	基础层...	构件类别				×
17	33.xls	athr...	2015-08-23 16:17	38.00KB	基础层...	构件类别				×
18	31.xls	athr...	2015-08-23 16:17	38.00KB	基础层...	构件类别				×
19	32.xls	athr...	2015-08-23 16:17	38.00KB	基础层...	构件类别				×
20	30.xls	athr...	2015-08-23 16:17	35.50KB	基础层...	构件类别				×
21	27.xls	athr...	2015-08-23 16:17	42.00KB	基础层...	构件类别				×
22	26.xls	athr...	2015-08-23 16:17	42.00KB	基础层...	构件类别				×
23	29.xls	athr...	2015-08-23 16:17	35.50KB	基础层...	构件类别				×
24	28.xls	athr...	2015-08-23 16:17	42.00KB	基础层...	构件类别				×
25	23.xls	athr...	2015-08-23 16:17	48.50KB	基础层...	构件类别				×
26	25.xls	athr...	2015-08-23 16:17	42.00KB	基础层...	构件类别				×
27	22.xls	athr...	2015-08-23 16:17	49.00KB	基础层...	构件类别				×

批量删除　首页　上一页　下一页　末页　跳转 1　第1/52页

图 34－3　“资料管理”对话框

1）搜索：输入关键字名称直接搜索相关文档。

2）编辑：对选择的资料进行标签和相关性整改。

3）查看：对选择的资料直接查看整体效果。

4）下载：对选择的资料直接下载。

5）删除：对选择的资料直接删除。

6）批量删除：对序号进行勾选可对选择的资料直接批量删除。

注：①批量上传："多选构件"→右击鼠标再选择"上传资料"。

②上传的文档可直接进行删除而新建标签只能在系统后台进行删除。

第35章* 任务提醒及管理

设备提醒

35.1 概念概述

建筑信息模型浏览器是系统的前端应用。通过BE，工程项目管理人员可以随时随地快速查询管理基础数据，操作简单方便，实现按时间、区域多维度检索与统计数据。在项目全过程管理中，使材料采购流程、资金审批流程、限额领料流程、分包管理、成本核算、资源调配计划等方面及时准确地获得基础数据的支撑。

35.2 应用点描述

任务提醒及管理应用于工程后期维护阶段，可细化到每个设备及构件，对检修日期、检修项目及检修负责人等内容进行详细标注，还可根据需要设置提醒邮件的发送日期及提醒频率，使得设备检修无遗漏、无拖延。

35.3 应用价值

将繁琐的检修资料统计、筛选工作简化，每个设备和构件的所有资料都记录在数据库中，当需要时可快速调取，自动提醒相关人员相关任务；使得资料员变更，交接工作简化，使人员流动导致的工程资料损失降低到最小化。

35.4 操作步骤

35.4.1 登录界面

双击打开BE系统客户端，输入账号和密码点击“登录（图35－1）”，然后选择对应的企业，点击“确定”，如图35－2所示。

图35－1 登录界面图

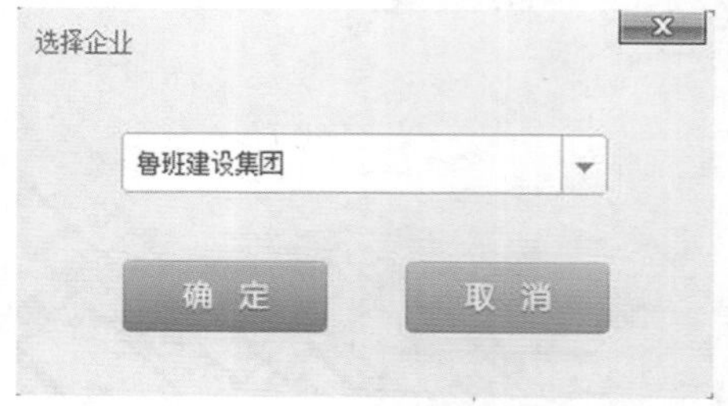

图35－2 选择企业

35.4.2 选择项目

选择对应项目，加载成功后点击“操作”，选择“任务提醒”，点选需要检修的设备，单击右键后点击“选择完成”，如图35－3所示。（可选择多个设备进行统一设置任务提醒）

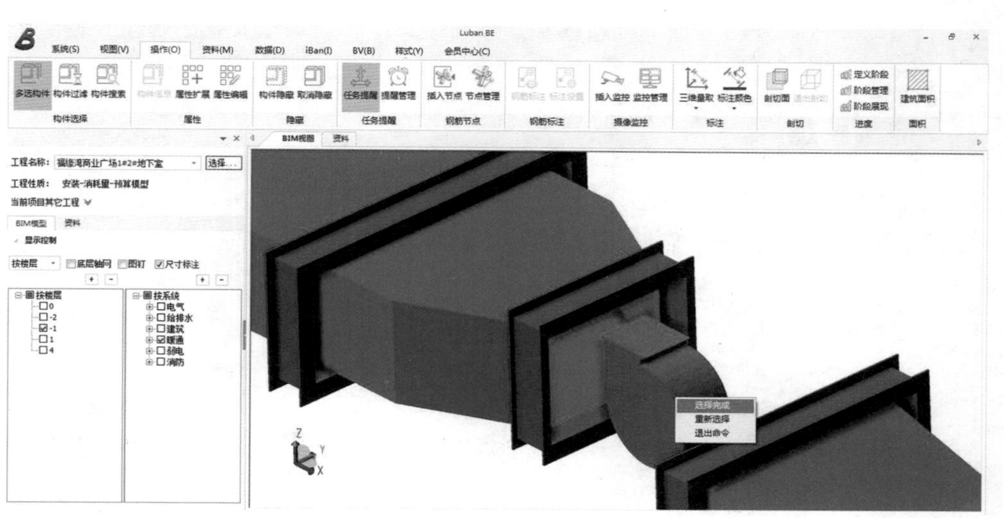

图 35－3　选择构件

35. 4. 3　任务提醒设置

进入“任务提醒定义”对话框，对提醒内容进行设置，如图 35－4 所示。

1）提醒日期：设置待办事项的提醒时间节点。

2）提醒类型：

①设置维护提醒。

②设备报废提醒。

③设备采购合同。

④分包合同。

⑤其他事项。

3）通知人员：事项相关负责人员。

4）邮件主题：事项名称。

5）提醒信息：待办事项细致描述。

6）提醒频率和提醒天数（图 35－5）。

任务提醒定义

提醒日期：2015-10-22

提醒类型：设置维护提醒

通知人员：鲁班技术011;　选择

邮件主题：风机检修

提醒信息：风机设备日常检修与维护，查看机组是否运转正常，风口设备有无老化、破损现象。

提醒频率：每月/次

提前天数：1天

☐立即发送邮件

确定　取消

图 35－4　任务提醒设置

提醒频率	提醒天数
一次性	当天
每周/次	1 天
每月/次	2 天
每季/次	3 天
每年/次	1 周
	2 周
	1 月

图 35－5　提醒频率和提醒天数

7）如待处理事项需及时处理，可勾选“立即发送邮件”通知相关人员处理问题；不勾选则按照设定提醒日期进行提醒邮件发送。

35.5 提醒管理

35.5.1 提醒管理设置

任务提醒设置完成以后，可点击“提醒管理”，对设置的任务提醒进行统一管理，如图 35 - 6 所示。

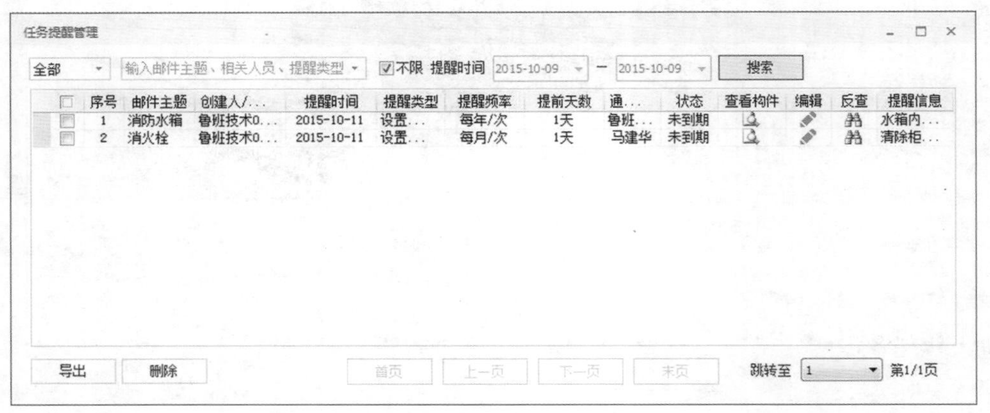

图 35 - 6　提醒管理

35.5.2 查看构件

点击“查看构件”，弹出“查看构件”对话框，构件名称、数量、专业、大小类均有详细显示，如图 35 - 7 所示。

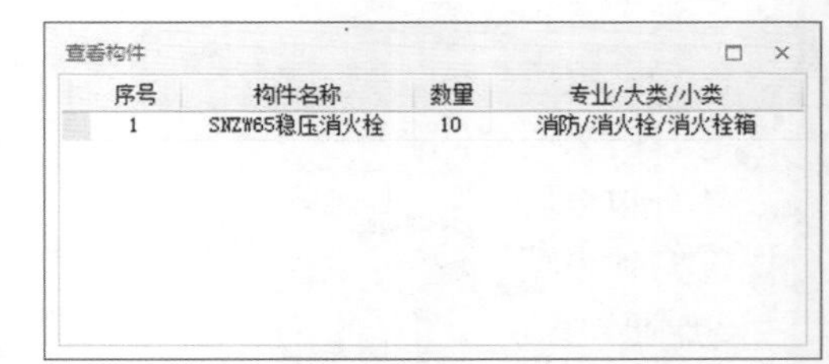

图 35 - 7　“查看构件”

35.5.3 反查

点击“反查”，可对构件进行反查定位，方便确定位置和问题查找，如图 35 - 8 所示。

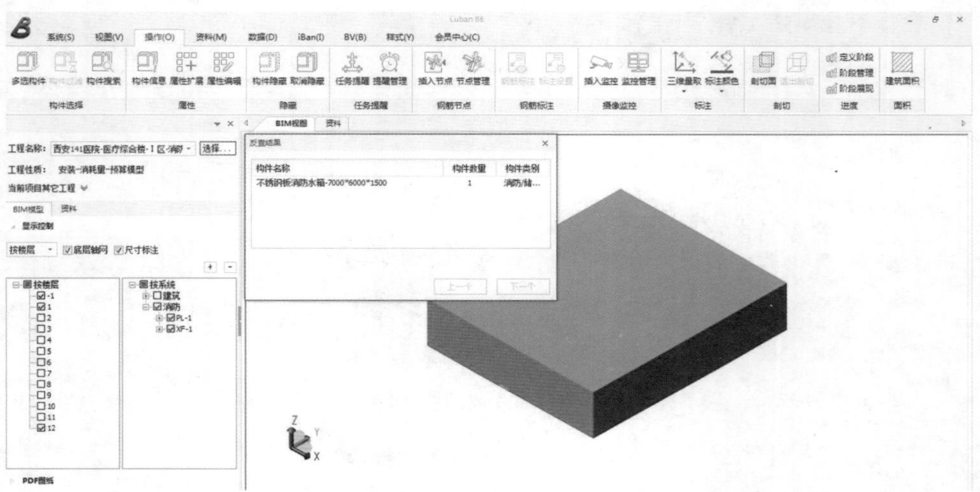

图 35 - 8　“反查结果”对话框

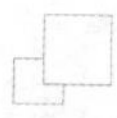

35.5.4　任务导出

勾选对应问题序号，点击“导出”，即可输出如图 35－9 所示的表格，方便打印与检查核对。

如排查中发现标注问题与实际不符，点击“删除”，对提醒任务进行删除即可。

<table>
<tr><th rowspan="2">邮件主题</th><th rowspan="2">通知人员</th><th rowspan="2">提醒信息</th><th colspan="3">提醒构件</th></tr>
<tr><th>构件名称</th><th>数量</th><th>专业/大类/小类</th></tr>
<tr><td>消火栓</td><td>物业人员</td><td>清除柜内的灰尘杂物；
物品是否缺；
水管的开关，
看是否灵活；
消防水带能否顺利打开；
喷头是否通畅</td><td>消火栓</td><td>10</td><td>消防/消火栓/消火栓箱</td></tr>
<tr><td>消防水箱</td><td>物业人员</td><td>水箱内是否清洁；
管道是否畅通</td><td>消防水箱</td><td>1</td><td>消防/储存装置/水箱</td></tr>
</table>

图 35－9　导出表格

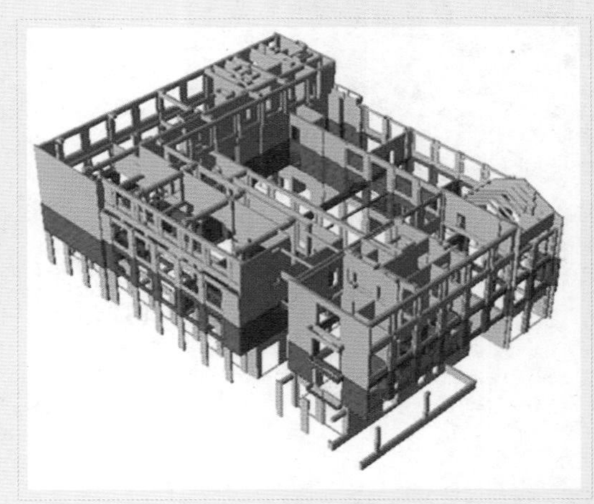

BIM协同与应用实训
BIM xie tong yu ying yong shi xun

第七篇　BIM 应用之材料员

07

第 36 章* 成本控制：两算对比、材料用量对比

成本控制

36.1 成本控制的关键环节

1）施工项目组织机构管理实行项目经理负责制。在项目经理的选择上，本着进一步充分发挥项目管理功能的原则，提高项目整体管理水平，以达到项目管理的最终目标为基准点。

2）材料是构成建筑产品的主体，工程所需材料费约占总成本 60% ~70%；施工项目中，控制施工总成本，需对材料成本控制高度重视。

3）施工组织环节是整个项目施工最具动态和复杂的一环，运行成功与否直接影响整个项目成本控制成效，甚至关乎到项目成败。这就要求在组织施工时必须本着科学、合理、认真、细致的原则，从项目实际出发，切实地做好施工组织工作。

36.2 建立目标成本管理体系

目标成本管理是指需事先确立符合规划方案、品质要求、效益要求的成本目标，目标成本确立后，通过具体执行、操作将现实成本最大程度控制在与预算期望值相符，如出现差异，需不断根据现实情况调整，最大限度接近目标预测。运用鲁班 BIM 系统数据指导工程计划控制，现场数据上报后完成两算对比分析，总结原因，确保施工用量可控性。

36.3 实施方法

实施过程如图 36－1 所示。

1）生产部调取 BIM 系统计划量数据。

2）生产部提交实际使用数据于预算结算部。

3）预算结算部完成“两算”对比分析提交生产部。

4）生产部根据“两算”对比分析报告查找原因，汇报项目经理及总工。

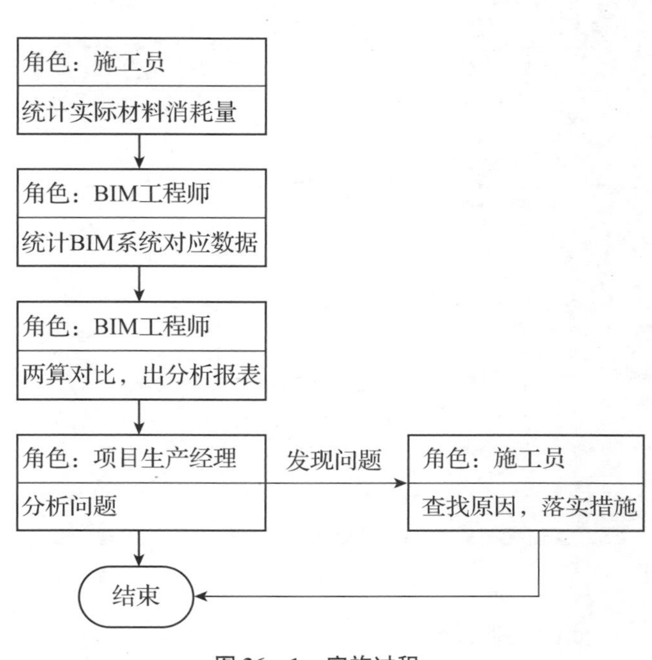

图 36－1 实施过程

36.4 资源分析步骤

资源分析：对项目清单定额、实物量及消耗量等多种数据分析的明细报表。

审核分析：对单个项目部的多专业数据进行审核管理，材料造价一览表、增值曲线、明细报表等价格进行分析。

进入 BIM 系统→勾选“预算模型”和“施工模型”→“审核分析”或者“资源分析”，“资源分析”对话框如图 36－2 所示。

图 36－2 “资源分析”对话框

1）工作性质：对项目的模型、承包价、实际成本等进行选择。

2）专业：对土建、钢筋、安装等项进行选择。

3）数据类型：对清单、定额、实物量（清单）、实物量（定额）等项进行选择。

4）时间：勾选“不限”，对时间段进行选择。

5）对象：对需要分析的工程量清单项进行选择。

对数据进行分析，编制分析概况报告、分析明细报告；根据表格数据进行“两算”对比及材料用量表编制，如图 36－3 所示。

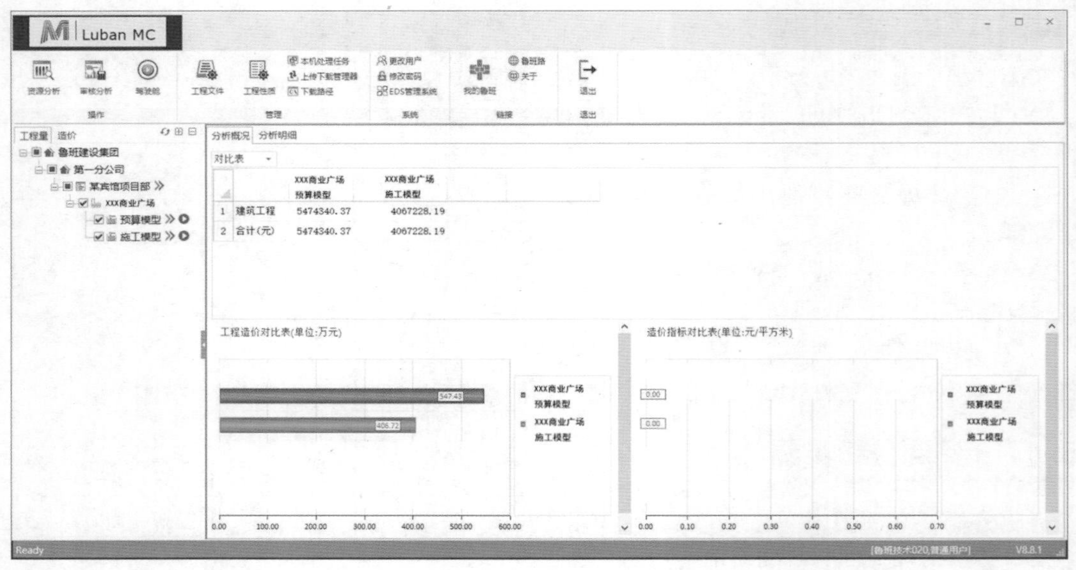

图 36－3 分析数据

分析明细如图 36－4 所示。

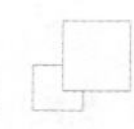

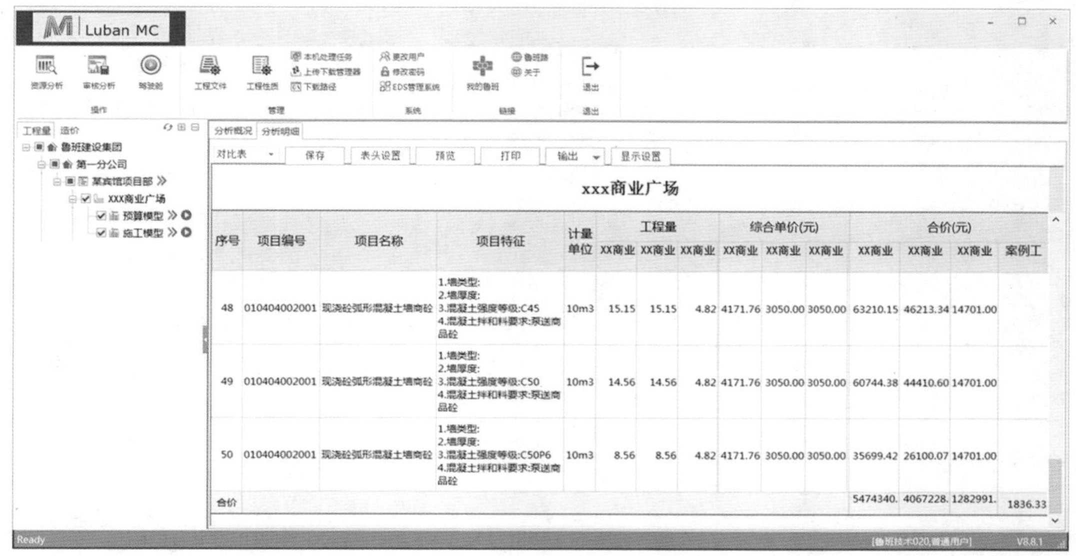

图 36-4 分析明细

36.5 “两算”对比

36.5.1 “两算”对比意义

“两算”对比是指施工图纸预算和施工预算的对比，它是在“两算”编制完成后、工程开工前进行的。通过“两算”对比，可以找出节约和超支的源头，整理出施工管理中不合理的地方和薄弱环节，并总结解决问题的方法，防止因人工、材料、机械台班及相应费用的超支而导致工程成本的上升，进而造成亏损。

36.5.2 “两算”概念

1. 施工图预算

施工图预算是在施工图设计完成后、工程开工前，根据已批准的施工图图纸和已确定的施工组织设计，按照国家和地区现行的统一预算定额、费用标准、材料预算价格等有关规定，对各分项工程进行逐项计算并加以汇总的工程造价技术经济文件。建筑设备安装工程施工图预算是用来确定具体建筑设备安装工程预计造价的预算文件。

2. 施工预算

施工预算是企业内部对单位工程进行施工管理的成本计划文件。建筑设备安装工程施工预算是安装企业为了加强自身管理、吸收和创新先进的施工技术与降低生产消耗和提高劳动生产率而编制的安装企业内部使用的预算文件。它是施工图控制下，根据企业对承接工程拟采用的施工组织设计并依据施工定额，由施工单位自行编制的。它不能作为企业对外经济核算的依据，但却是企业内部进行项目承包和经济核算的重要依据之一。

36.5.3 “两算”对比分析相关报告

施工单位针对现场管理往往会统计建筑材料的计划用量和现场用量并进行对比。某商业广场项目两算对比分析报告见表 36-1。

表 36－1　某商业广场 2#楼混凝土两算对比分析表

序号	楼层	构件名称	混凝土强度等级	施工日期	BIM 模型计划用量/m^3	钢筋含量	现场用量/m^3	偏差率	原因分析
1	基础层	垫层	C20		254.79	2%	213.18	－16.33%	现场混凝土量与车库相连，现场实际数据未分开
2	基础层	基础	C35（P8）		1634.17	2%	1029.89	－36.98%	现场混凝土量与车库相连，现场实际数据未分开
3	－2 层	外墙	C35（P8）	7.13～7.20	36.07	2%	47.09	30.55%	多出部分浇筑至主楼以外的车库外墙（后浇带处）
4	－2 层	梁板	C30（P8）	7.22～8.5	196.12	2%	191.83	－2.19%	现场混凝土量与车库相连，现场实际数据未分开
5	－2 层	墙柱	C35	8.8～8.14	402.30	2%	408.57	1.56%	现场混凝土量与车库相连，现场实际数据未分开
地下 2 层小计					634.49	2%	647.49	2.05%	浇筑外墙混凝土时，外墙的混凝土渗入内墙导致
混凝土总量					1850.58	2%	1826.08	－1.32%	按现场实际浇筑部位进行对比，不含基础部分，不含设备层扣除部分

通过鲁班 BIM 系统 MC 的“资源分析”得出，预算模型与施工模型对比的相关数据和“两算”对比表的分析数据相结合，可以直接为材料申报做铺垫；也可以是企业安排各种施工作业计划的依据；也可是企业基层施工单位向作业班组签发施工任务单和限额领料单的依据；也可是计算计件工资、超额奖金，对企业内部承包，实行按劳动分配的依据；也可是企业开展经济分析、经济核算和控制成本，进行“两算”对比的依据。

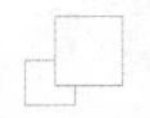

第 37 章* 进度申报

37.1 进度安排的基本原则

1）以合同工期为前提，运用先进的技术计划，统筹兼顾，合理安排以满足工程总进度要求。

2）在保证工程质量、施工安全的基础上，优化资源配置，挖掘人员和设备潜力，充分发挥企业综合优势，确保在合同工期内完成工程施工总体任务。

3）以组织均衡法施工为基本方法，采用平行、流水、交叉作业方法，超前运作。

37.2 需申报材料详表

根据上传 BIM 系统的“某商业广场项目—地下”工程，预算模型以得知相关的材料数据为依据，需申报各种材料。

以某个月预计划地上一层主体混凝土的需求量为例。

按等级区分：见表 37－1。

表 37－1　混凝土强度等级

序　号	混凝土强度等级	工程量/m³
1	C20	21.66
2	C40	2170.73
3	C30	26.20

按等级大类划分：见表 37－2。

表 37－2　混凝土强度等级→大类

序　号	混凝土强度等级	大　类	工程量/m³
1	C20	梁	21.66
2	C40	柱	84.90
		墙	39.69
		板、楼梯	1857.13
		梁	189.02
3	C30	板、楼梯	26.20

按混凝土强度等级大小类划分：见表 37－3。

表 37－3　混凝土强度等级→大类→小类

序　号	混凝土强度等级	大　类	小　类	工程量/m³
1	C20	梁	过梁	21.66
			窗台	21.66
			圈梁	21.66
2	C40	柱	混凝土柱	84.90
		墙	混凝土内墙	39.69
		板、楼梯	现浇板	1857.13
		梁	次梁	189.02
			框架梁	189.02
3	C30	板、楼梯	现浇板	26.20

按混凝土强度等级构件名称划分：见表 37－4。

表 37－4　混凝土强度等级→大类→小类→构件名称

序号	混凝土强度等级	大　类	小　类	构件名称	工程量/m³
1	C20	梁	过梁	GL200	0.47
				GL250	5.81
				GL220	0.11
				GL350	0.49
				GL150	0.71
			窗台	2 窗台梁 1	0.44
				2TZ－1	0.24
				2KZ5a	9.72
				2KZ3b	5.18
		墙	混凝土内墙	2TNQ300	20.57
				2TNQ600	4.91
				2TNQ450	6.48
				2TNQ400	7.73
		板、楼梯	现浇板	B 130	1857.13
		梁	框架梁	KL－220（1A）	2.70
				KL－211（5A）	17.35
				KL－222（1A）	2.73
				KL－219（4）	6.04

（续）

序号	混凝土强度等级	大类	小类	构件名称	工程量/m^3
2	C30	板、楼梯	现浇板	休息平台板 100	21.29
				休息平台板 180	4.91

37.3 进度计划文件申报

37.3.1 文件申报

根据以上各类表格所出具的相关数据，可为后期的材料申报以及进度申报提供相关的依据。

承包人在收到开工通知后的规定时间内，采用关键线路网络图编制工程施工总进度计划（包括网络图电子计算软件），报送监理现场机构审批。监理现场机构在签收后规定时间内批复承包人。经监理现场机构批准的施工总进度计划是控制合同工程进度的依据，并据此编制年、季和月进度计划报监理现场机构批准。在施工总进度计划批准前，按协议书商定的进度计划和监理现场机构的指示控制工程进展。

37.3.2 施工总进度

承包人编制的施工总进度应满足《专用合同条款》中关于工程开工日及全部工程、单位工程和分部工程完工日期的规定。网络图的编制应以下列各项数据和内容来表述全部工程的施工作业与各单位工程的相互关系。

1）作业和相应节点编号。

2）持续时间。

3）最早开工及最早完工日期。

4）最迟开工及最迟完工日期。

5）需要资源和说明。

37.3.3 施工总进度应表明事项

施工总进度必须表明各项作业计划程序及各项工程的开工、完工日期，还须表明材料、设备的订货、交货日期的安排。

根据以上材料和进度的申报，得出下列进度以及款项的申报表格，见表 37－5。

项目实施阶段的进度控制是整个工程项目计划实现的关键。项目部必须做好各个分项工程施工进度计划与工程总进度计划的衔接工作，并跟踪检查施工进度的执行情况。在总工期不变的条件下，必要时对施工阶段性进度计划进行调整，但必须报公司领导批准。

施工进度的动态管理是进度控制的关键措施。施工阶段监理和项目部应要求承包商按时提供月、周施工实际进度，标明各施工部位的具体完成情况，作为近期进度控制的依据。监理和项目部每周召开进度工作汇报会，对比实际进度与计划进度，发现问题，分析原因，制订相关措施。

表 37－5　鲁班建筑 BIM 技术应用实训（教学案例）（某工程项目部）进度审批表

进度申报单位（盖章）：某有限公司　日期：2015 年 7 月 5 日

工程名称	某商业广场	7 月份申请进度额	×××

进度明细

项目名称	单位	单价/元	本月申报值		本月审核值						图号
			数量	合价/万元	本月完成数量	单价/元	本月完成产值/万元	累计完成产值/万元	图面工程量	累计完成工程量	
商业广场地下部分				4012756.0							
合计				4012756.0							

项目部审核意见

工程部	审核意见：			技术质量部	审核意见：
	负责人（签字）：				负责人（签字）：
物资部	审核意见：			安监站	审核意见：
	负责人（签字）：				负责人（签字）：
项目副经理	审核意见：			项目总工	审核意见：
	负责人（签字）：				负责人（签字）：
经营部	合同金额/万元		本月完成产值/万元		累计完成产值/万元
	本月报批产值/万元		本月批复进度款/万元		累计批复进度款/万元
	负责人（签字）：				
财务部	累计支付进度款/万元			商务经理	审核意见：
	负责人（签字）：				负责人（签字）：

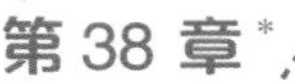

第38章* 钢筋管控建议报告

38.1 应用点描述与价值

现场钢筋管控是指项目驻场顾问在现场驻场期间深入施工一线现场，根据国家建筑标准设计图集的要求，结合施工现场对钢筋施工进行管控，对于不合理的地方通过和项目现场人员进行沟通，提出相应的管控建议，控制现场钢筋的用量及合理施工。发现现场问题，提升项目管理水平和增加项目利润是鲁班BIM技术价值的核心所在。

常见的问题有钢筋绑扎、接头、剪力墙钢筋起步间距未依照图集规范，柱基础部位定位箍筋以及板钢筋施工的措施筋位置不准确等。

38.2 实施方法

38.2.1 楼板板筋优化项目

楼面板钢筋排布及钢筋搭接，按照施工图集的要求如图38-1、图38-2所示（框选部分）。

本项目地上部分楼板钢筋并未考虑抗温度措施，楼板内的分布钢筋与板受力主筋搭接长度应为150mm，而2#楼现场实测的搭接长度为300~900，普遍存在搭接长度过长的问题，建议应及时调整。图38-3为现场实际搭接情况。

注：1. 在搭接范围内，相互搭接的纵筋与横向钢筋的每个交叉点均应进行绑扎。

2. 抗裂构造钢筋自身及其与受力主筋搭接长度为150，抗温度筋自身及其与受力主筋搭接长度为l_1。

3. 板上下贯通筋可兼作抗裂构造筋和抗温度筋。当下部贯通筋兼作抗温度钢筋时，其在支座的锚固由设计者确定。

4. 分布筋自身及与受力主筋、构造钢筋的搭接长度为150；当分布筋兼作抗温度筋时，其自身及与受力主筋、构造钢筋的搭接长度为l_1；其在支座的锚固按受拉要求考虑。

5. 其余要求见本图集第92页。

图38-1 平法施工图集

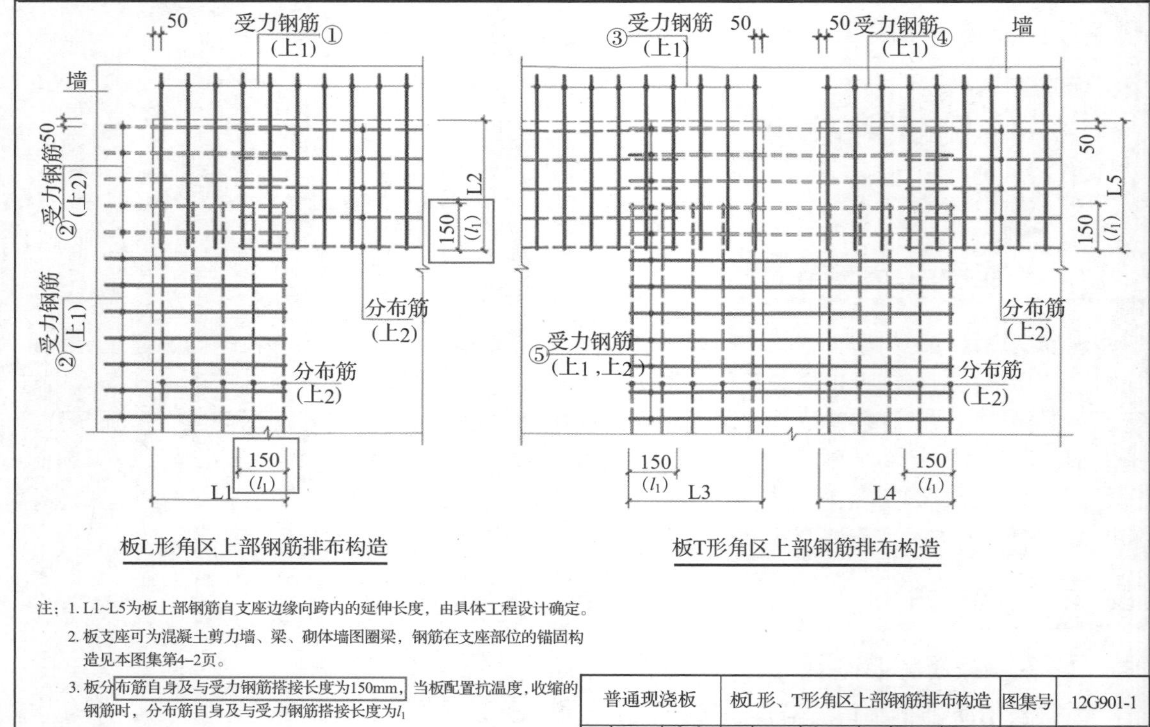

图 38－2　施工钢筋排布规则及构造

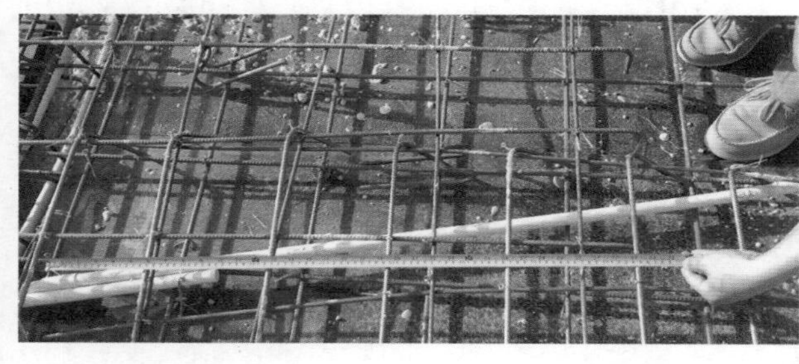

图 38－3　现场实测搭接情况

问题总结：

1）现场钢筋翻样人员为方便下料，统一分布筋的下料长度，有长有短则取长。

2）为了钢筋绑扎成品“感官效果”好，分布筋与同向支座钢筋搭接过长。

无论以上何种原因，结果均对钢筋成本造成影响。可以通过加强管理来处理这类问题，如钢筋绑扎过程中或施工完毕后，采取搭设简易木板过道等成品保护措施。

38.2.2　剪力墙竖向钢筋起步间距问题

剪力墙竖向钢筋遇端部为暗柱时，按照图集规定，墙第一根竖向钢筋离暗柱边纵筋起步距离：《混凝土结构施工钢筋排布规则与构造详图（现浇混凝土框架、剪力墙、梁、板）》（12G901－1）要求，起步距离应为同墙身竖向钢筋间距 s（图 38－4、图 38－5）；同样，G101 系列图集规定，按（竖向钢筋）设计间距或最小间距排布≤s。

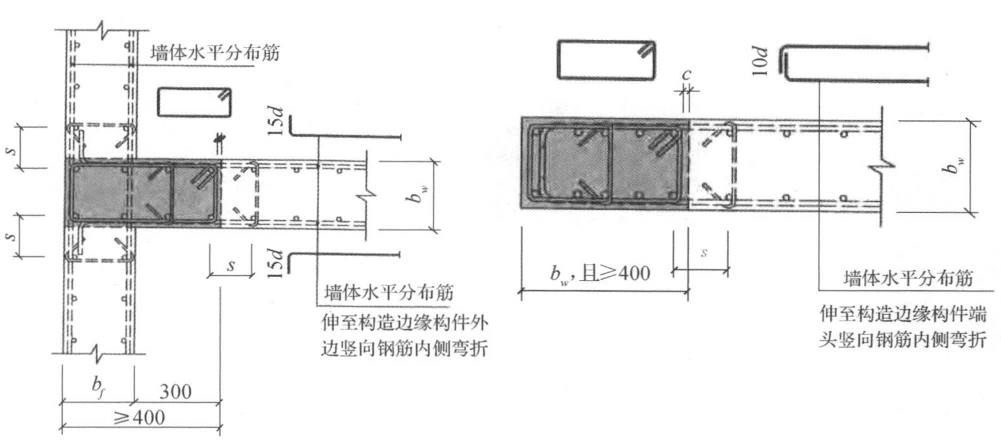

图 38－4　构造边缘翼墙构造　　　　**图 38－5　构造边缘暗柱构造**

施工现场剪力墙竖向钢筋离暗柱边纵筋起步距离是按 $s/2$ 排布的（图 38－6），因此仅一道剪力墙就会增加 2 根墙竖向钢筋（两侧）。

图 38－6　竖向钢筋起步间距

建议：目前 2#主楼现场均存在以上问题，应及时整改；如因实际需要等原因需采用 $s/2$ 间距排布，建议尽早做好签证工作，避免结算损失；或者从现在开始改按间距 s 排布。

经粗略估算，主楼如采用正确排布方式，可节约钢筋 50 吨以上。

38. 2. 3　剪力墙水平筋第一根离地起步排布构造

剪力墙水平筋排布构造如图 38－7 所示。

剪力墙水平筋离地面起步距离为 50mm，柱的箍筋排布构造同理。

通过现场钢筋管控，项目驻场顾问根据相应图集规范和现场实际施工进行对比核查，改进施工过程中与规范要求不符的地方，从而规范了现场施工操作，提高了施工质量。更进一步，也可以实时控制现场钢筋使用，节省工程造价，提高项目利润。

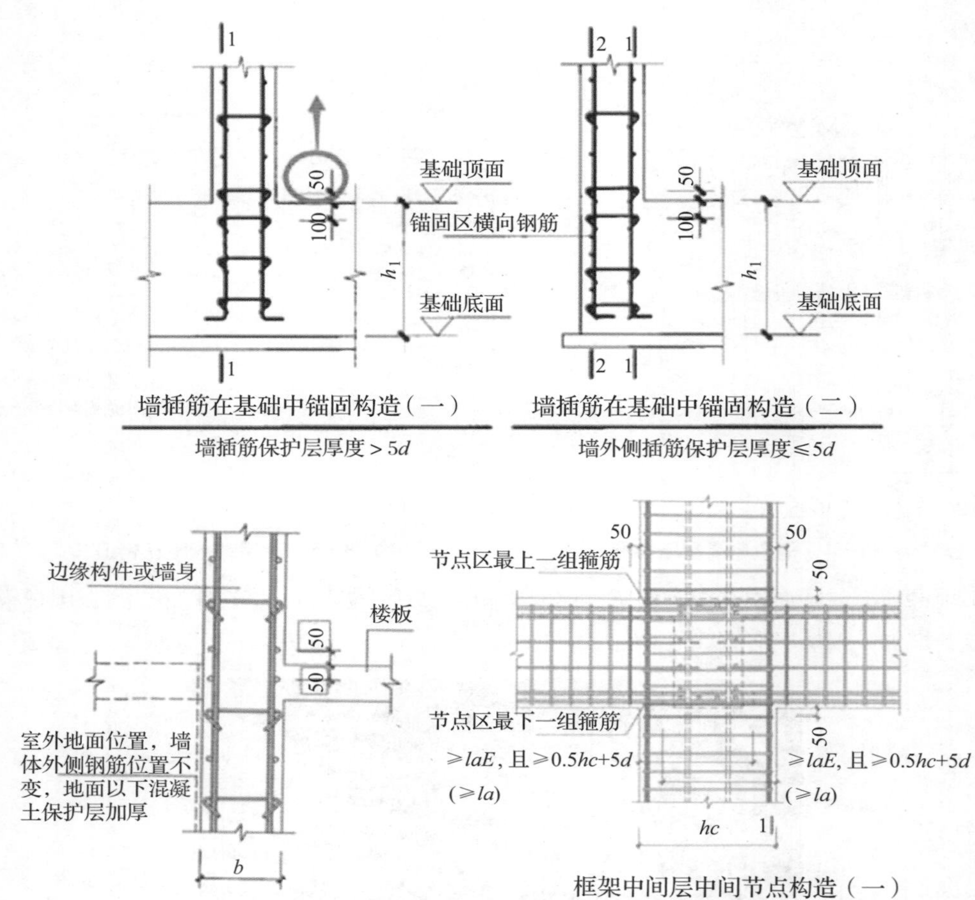

图 38－7　剪力墙水平筋排布构造

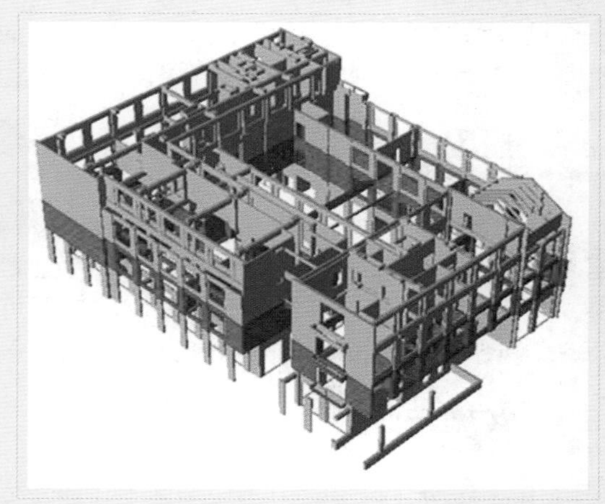

BIM协同与应用实训
BIM xie tong yu ying yong shi xun

第八篇　BIM 应用之质检员

08

第39章* iBan现场质量管理报告

39.1 应用点描述

iBan是一款便于交流，易于操控，能实现“高效率、低成本”的质量缺陷安全管理系统。利用云端应用与移动设备相结合的管理模式，现场工程师将拍摄的任何缺陷和检查及涉及安全的照片通过移动设备传输，精确定位到BIM模型的相关位置，实现快速有效的缺陷处理和质量检查及安全风险预防功能，最终达到提高工程质量和成本效益的目的。

39.2 应用价值

利用移动端iBan应用，现场管理人员可在施工现场随时随地拍摄现场安全防护、施工节点、施工做法或有疑问的照片，通过手机上传至PDS系统中建立现场质量缺陷、安全隐患数据库资料，并与BIM模型或图纸及时关联。将问题可视化，让管理者及时掌握问题的位置及详情，在办公室即可掌握质量安全风险因素，及时统计分析，做好纠正预防措施，确保施工顺利进行。

39.3 实施方法

利用iBan移动终端实时记录现场施工质量、安全等问题，建立相关问题缺陷库。

39.3.1 登录系统

使用已分配权限的账号和密码登录IPhone、Android等智能设备iBan客户移动端，确保智能客户端能连接4G网络或Wi-Fi，如图39-1、图39-2所示。

39.3.2 选择项目

根据账号的权限选择对应的企业和项目，如图39-3所示。

图39-1 iBan界面

图39-2 账号登录

图39-3 选择企业和项目

39.3.3　获取原始数据

管理人员在施工现场可根据自己的专业知识对现场管理存在的影响安全、质量、进度的问题选择好角度使用智能设备进行拍照，获取现场原始工程实景数据，并且指定其相应位置信息，通过 4G 网络或者 Wi-Fi 传送至 BE 系统与 BIM 模型关联，如图 39 - 4 所示。

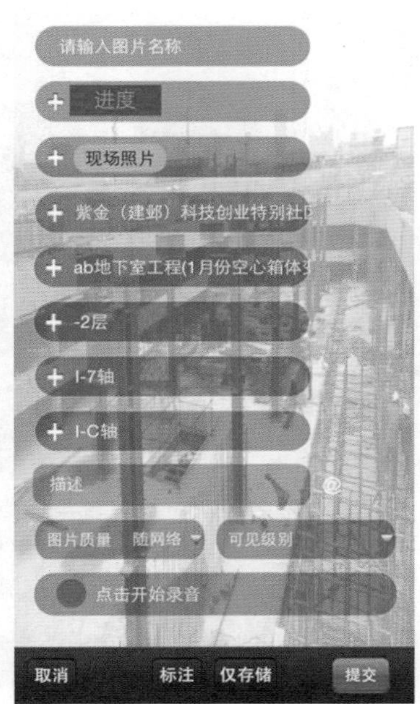

图 39 - 4　照片与模型关联

39.3.4　BE 系统查阅

管理者使用账号、密码登录 BE 系统，可以看到现场反馈到系统的信息，如图 39 - 5 所示。

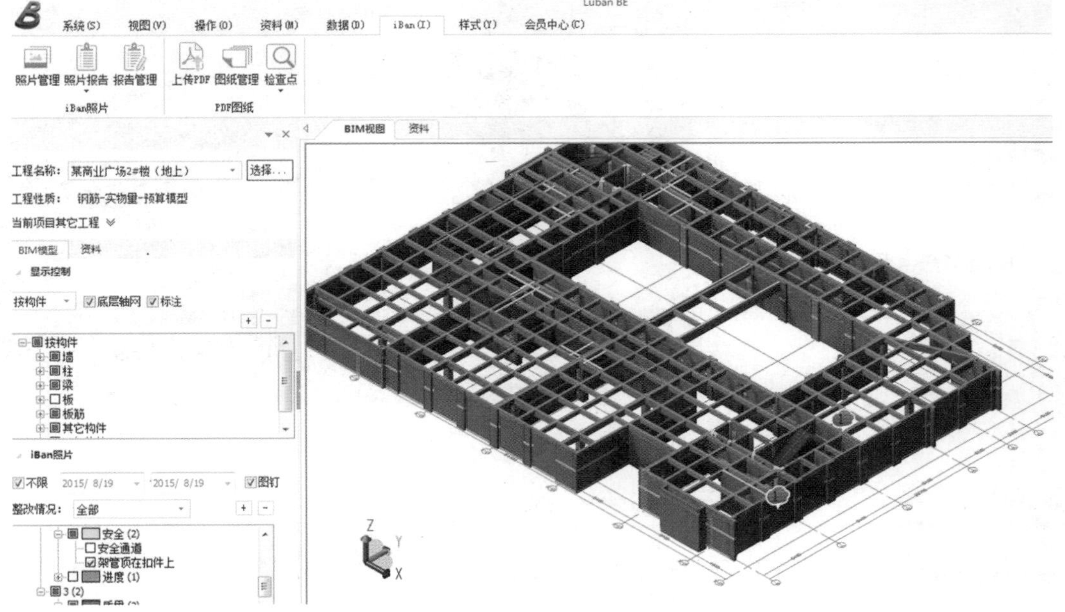

图 39 - 5　系统照片位置查看

39.3.5 对比分析

现场情况照片可与BIM模型对照，使得问题一目了然，如图39－6所示。

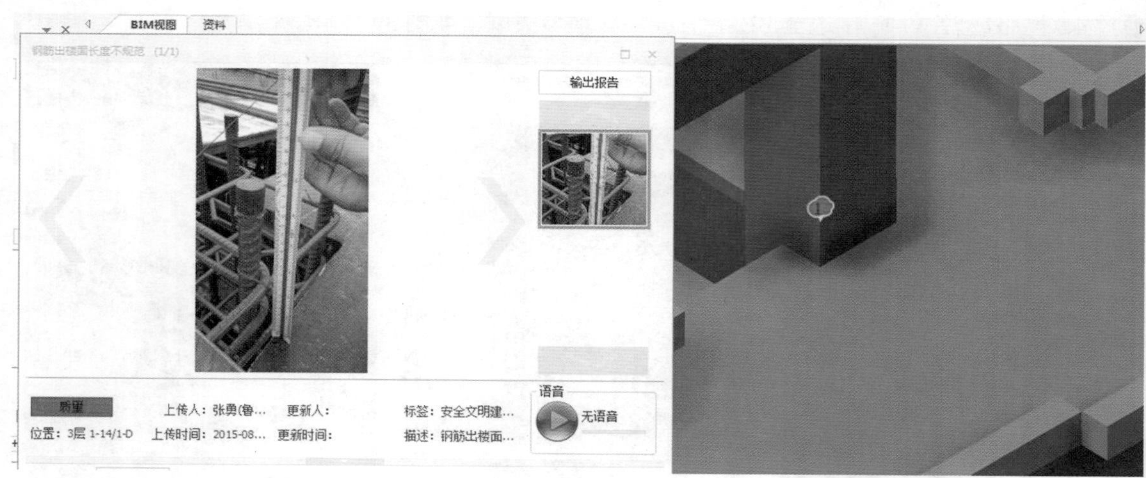

图39－6 照片和模型对照

39.3.6 照片管理

BE后台可对所有工程现场照片进行管理，按照不同类别进行分类，便于应用检索，如图39－7、图39－8所示。

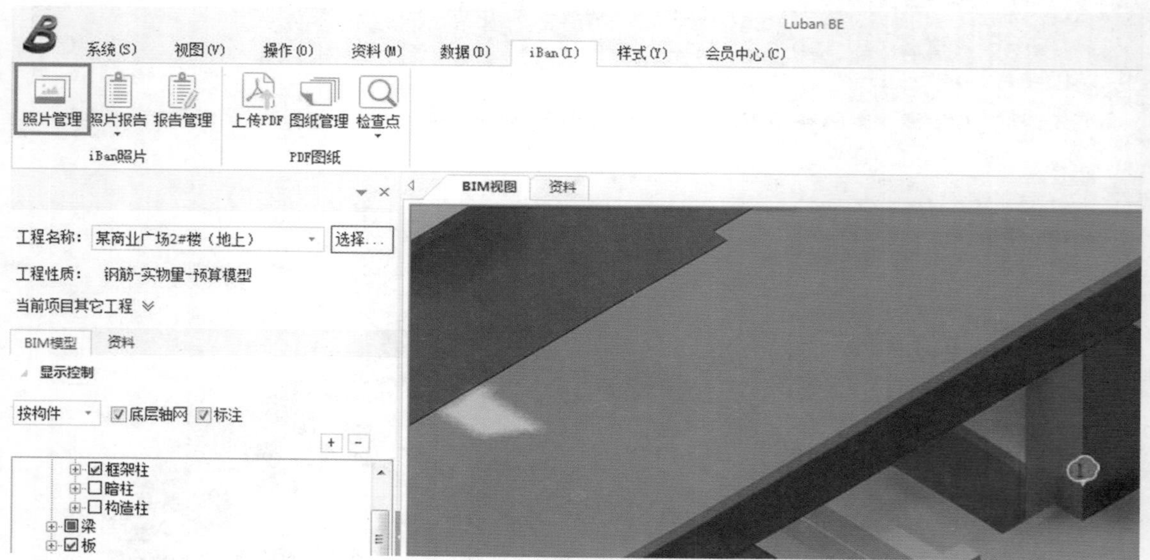

图39－7 照片管理

39.4 查看完成情况并生成相关报告

BE中所有的照片可自动生成分析报告，分析汇总各类问题。报告生成完毕后，可以输出报告，关于照片中的各类问题都能体现在报告中，如图39－9所示。

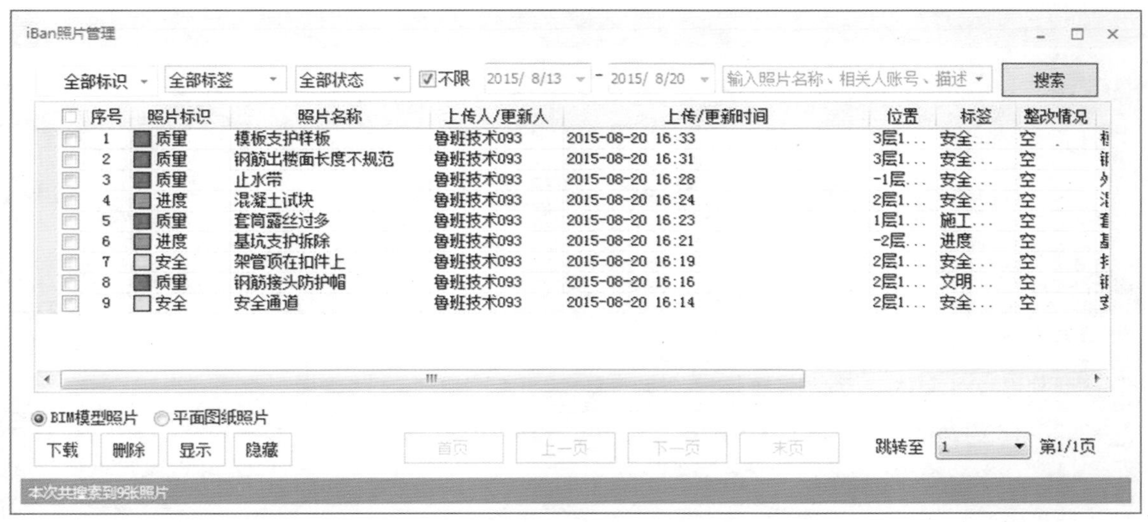

iBan照片管理
全部标识
全部标签
全部状态
不限
2015/ 8/13
2015/ 8/20
输入照片名称、相关人账号、描述
搜索
序号 照片标识 照片名称 上传人/更新人 上传/更新时间 位置 标签 整改情况
1 质量 模板支护样板 鲁班技术093 2015-08-20 16:33 3层1... 安全... 空
2 质量 钢筋出楼面长度不规范 鲁班技术093 2015-08-20 16:31 3层1... 安全... 空
3 质量 止水带 鲁班技术093 2015-08-20 16:28 -1层... 安全... 空
4 进度 混凝土试块 鲁班技术093 2015-08-20 16:24 2层1... 安全... 空
5 质量 套筒露丝过多 鲁班技术093 2015-08-20 16:23 1层1... 施工... 空
6 进度 基坑支护拆除 鲁班技术093 2015-08-20 16:21 -2层... 进度 空
7 安全 架管顶在扣件上 鲁班技术093 2015-08-20 16:19 2层1... 安全... 空
8 质量 钢筋接头防护帽 鲁班技术093 2015-08-20 16:16 2层1... 文明... 空
9 安全 安全通道 鲁班技术093 2015-08-20 16:14 2层1... 安全... 空
BIM模型照片
平面图纸照片
下载
删除
显示
隐藏
首页
上一页
下一页
末页
跳转至
1
第1/1页
本次共搜索到9张照片

图 39－8　“iBan 照片管理”对话框

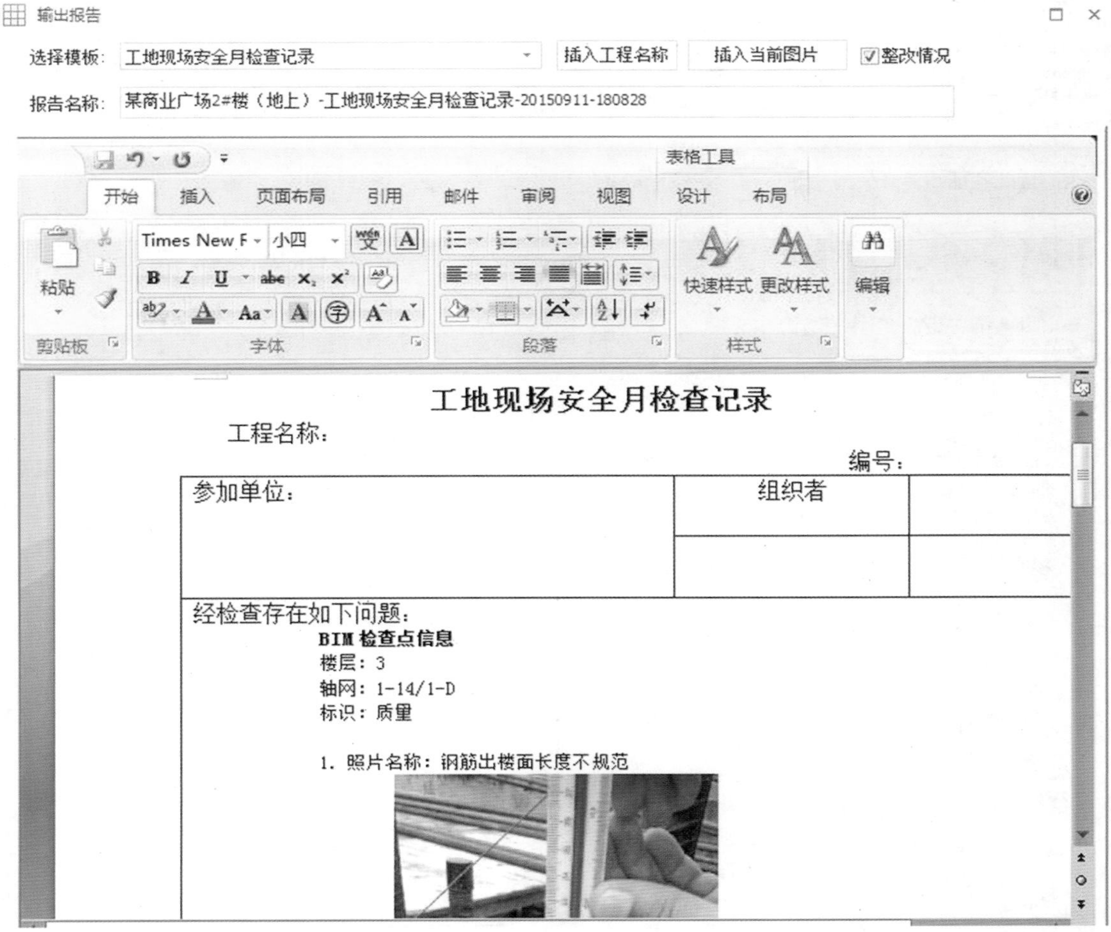

输出报告
选择模板：
工地现场安全月检查记录
插入工程名称
插入当前图片
整改情况
报告名称：
某商业广场2#楼（地上）-工地现场安全月检查记录-20150911-180828
表格工具
开始
插入
页面布局
引用
邮件
审阅
视图
设计
布局
Times New F
小四
粘贴
剪贴板
字体
段落
快速样式
更改样式
样式
编辑
工地现场安全月检查记录
工程名称：
编号：
参加单位：
组织者
经检查存在如下问题：
BIM 检查点信息
楼层：3
轴网：1-14/1-D
标识：质量
1. 照片名称：钢筋出楼面长度不规范

图 39－9　生成报告

附录

附录 A　工程签证单

编号：

<table>
<tr><td colspan="2">工程名称</td><td>某商业广场</td><td>签证主题</td><td>地下室结构变更</td></tr>
<tr><td colspan="2">签证原因</td><td colspan="3">根据甲方要求，地下一层结构变更</td></tr>
<tr><td>签证内容</td><td colspan="4">根据业主 2014 年 9 月 15 日下发的第二版施工图（结构 01）

第二版施工图纸中 1 - 6 - 1 - 7/1 - A ~ 1 - B 处，更改地下室结构，具体请参照第二版施工图（结构 R808X - G2）

故发生以上费用，请业主确认。

特此签证

附：第二版施工图（结构 01A）
报价单</td></tr>
<tr><td colspan="3">建设单位

签字（签章）：
日期：</td><td colspan="2">项目管理单位

签字（签章）：
日期：</td></tr>
<tr><td colspan="3">监理单位

签字（签章）：
日期：</td><td colspan="2">施工单位

签字（签章）：
日期：</td></tr>
</table>

附录 B　梁增减修改报价单

编号	项目名称	单位	工程量	计算式	单价	合价
	原图招标纸					
一	分部分项					
1	混凝土	m^3	0.00		433.75	0.00
2	模板	m^2	0.00		58.36	0.00
3	钢筋	t	0.00	详见料单	4549.99	0.00
					小计	0.00
二	措施费					
1	组织措施费	项	1.00		0.00	0.00
					小计	0.00
三	规费	项				
	排污费、社保费、公积金	项	1.00		0.00	0.00
	民工工伤保险费	项	1.00		0.00	0.00
					小计	0.00
四	税金	项	1.00		0.00	0.00
					合计	0.00
	修改后					
一	分部分项					
	混凝土					
1	梁 C30　XLxa 600×1000	m^3	1.85	0.6×(1−0.16)×3.68	433.75	804.48
	模板					
2	梁 C30　XLxa 600×1000	m^2	6.18	(1−0.16)×3.68×2	58.36	360.80
3	钢筋	t	0.97	详见料单	4545.66	4391.11
					小计	5556.40
二	措施费					
	组织措施费	项	1.00		11.85	47.15
					小计	47.15
三	规费	项				
	排污费、社保费、公积金	项	1.00		88.90	570.12
	民工工伤保险费	项	1.00		9.88	52.30
					小计	622.42
四	税金	项	1.00		270.21	270.21
					合计	6496.17
					差价	6496.17

附录C　技术交底记录

工程名称：某商业广场　　　　编号：

交底单位		被交底单位	
交底日期		分项工程名称	
交底名称	地下一层 BIM 模型交底		

BIM 模型说明

车库顶标高 4.3m，主楼顶标高 5.2m，最大梁截面 0.9m。

下面为地下一层管线综合调整前后对比图。截图来自 BW 系统中，有不清楚的位置可登录 BW 中进行查看。

管线综合整体标高：

风管底标高：2650mm。

桥架底标高：3120mm，主楼底标高：4000mm。

供回水管管中标高：3200mm，主楼管中标高：4000mm。

喷淋主管和消防干管管底标高：2900mm 和 3050mm。

喷淋支管贴梁底施工。

以上标高均为建筑标高，喷淋支管布置见详图。锅炉房、制冷机房等设备房因设备未确定，未予以排布。

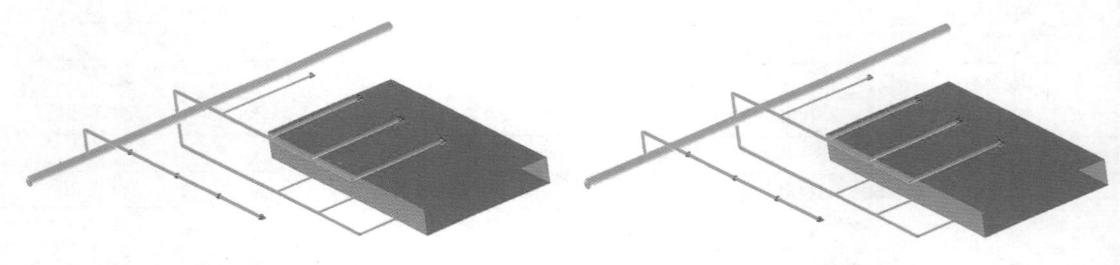

喷淋支管详图（1）　　　　喷淋支管详图（2）

管线调整前	管线调整后

风管在上，已与梁多处碰撞	桥架在最上面，底标高为 **4.00m**

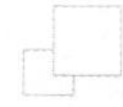

（续）

<table>
<tr><th>管线调整前</th><th>管线调整后</th></tr>
<tr><td>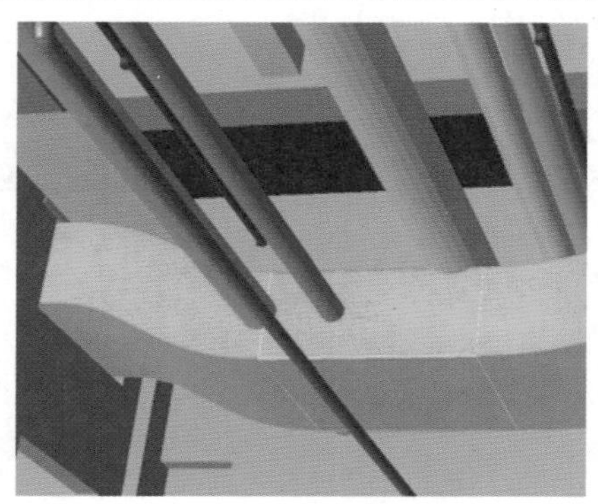
3 轴 –D –5 轴/A 轴到 B 轴风管与其他管线的碰撞</td><td>
风管下翻，水管中心高度在 3.9m 左右</td></tr>
<tr><td>
原先排布风管在上与梁碰撞到，
水管与桥架在下，相互碰撞</td><td>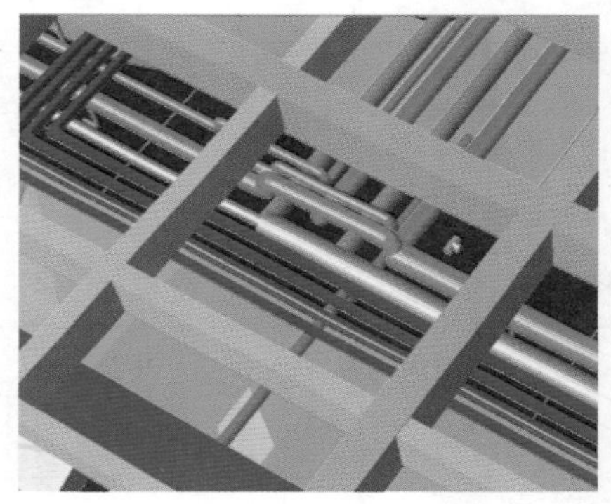
本次管线综合排布方式，风管在下，
管在中，桥架在上，碰撞若能有空间上翻就上翻</td></tr>
</table>

技术交底人员签到表

<table>
<tr><td>交底名称</td><td colspan="3">地下一层 BIM 模型交底</td><td>交底地点</td><td></td></tr>
<tr><td>交底人</td><td></td><td>被交底班组</td><td></td><td>交底日期</td><td></td></tr>
<tr><td colspan="6">被交底人员签名</td></tr>
</table>

附录D 材料进场报验单（一）

工程名称：某商业广场桩基工程　　　　　　　　　　　　　　　　　　　　　合同编号：

致：＿＿＿＿＿＿＿＿（监理机构）

下列建筑材料经自检试验复核技术规范要求，报请验证，并准予进场。

附件：1. 材料出厂质量保证书

2. 材料自检试验报告

承包单位项目经理部（章）：

项目经理（签名）：

日期：

材料名称		钢材	钢材	钢材	钢材
材料来源、产地		中天	沙钢	沙钢	沙钢
材料规格、等级		HPB235、8	HRB400、14	HRB400、20	HRB400、22
用途（使用在何部位）		抗拔桩	抗拔桩	抗拔桩	抗拔桩
本批材料数量		5t	5t	5t	10t
承包人的试验	试样来源	现场	现场	现场	现场
	取样地点、日期	2015－5－11	2015－5－11	2015－5－11	2015－5－11
	取样员				
	试验结果	合格	合格	合格	合格
材料预计进场日期		2015－5－11	2015－5－11	2015－5－11	2015－5－11

致＿＿＿＿（施工单位）

我证明上述材料的取样、试验等是符合/不符合规程要求的。经抽检复查试验的结果表明，这些材料符合/不符合合同技术规范要求，可以/不可进场在指定工程部位上使用。

项目监理机构（章）：

专业监理工程师：

日期：

附录E　材料进场报验单（二）

工程名称：某商业广场桩基工程　　　　　　　　　　　　　　　　　　　　　　合同编号：

致：______________（监理机构）

下列建筑材料经自检试验复核技术规范要求，报请验证，并准予进场。

附件：1. 材料出厂质量保证书

2. 材料自检试验报告

承包单位项目经理部（章）：

项目经理（签名）：

日期：

材料名称		钢材	钢材		
材料来源、产地		沙钢	沙钢		
材料规格、等级		HRB400、20	HRB400、22		
用途（使用在何部位）		抗拔桩	抗拔桩		
本批材料数量		40t	40t		
承包人的试验	试样来源	现场	现场		
	取样地点、日期	2015－5－11	2015－5－11		
	取样员				
	试验结果	合格	合格		
材料预计进场日期		2015－5－11	2015－5－11		

致_______（施工单位）

我证明上述材料的取样、试验等是符合/不符合规程要求的。经抽检复查试验的结果表明，这些材料符合/不符合合同技术规范要求，可以/不可进场在指定工程部位上使用。

项目监理机构（章）：

专业监理工程师：

日期：